世界银行贷款"中国经济改革促进与能力加强"技术援助项目（TCC6）

中国—东盟森林治理合作机制构建

Mechanism Development for China-ASEAN Cooperation on Forest Governance

"中国-东盟加强森林治理与合法木材贸易合作机制与平台构建"项目组 ◎ 编

图书在版编目(CIP)数据

中国—东盟森林治理合作机制构建/"中国-东盟加强森林治理与合法木材贸易合作机制与平台构建"项目组编. —北京：中国林业出版社, 2021.10
ISBN 978-7-5219-1326-2

Ⅰ.①中… Ⅱ.①中… Ⅲ.①林业-管理-国际合作-研究-中国、东南亚国家联盟 Ⅳ.①S7

中国版本图书馆CIP数据核字(2021)第171089号

中国林业出版社·林业分社
责任编辑：于晓文　于界芬

出版发行	中国林业出版社有限公司（100009　北京西城区德内大街刘海胡同7号）
网　　址	http://www.forestry.gov.cn/lycb.html
电　　话	(010)83143542　83143549
印　　刷	北京雅昌艺术印刷有限公司
版　　次	2021年10月第1版
印　　次	2021年10月第1次
开　　本	787mm×1092mm　1/16
印　　张	11.75
字　　数	370千字
定　　价	98.00元

未经许可，不得以任何方式复制或抄袭本书之部分或全部内容。

版权所有　侵权必究

《中国—东盟森林治理合作机制构建》

编委会

主　　编　徐　斌　王登举

副主编　陈　洁　宿海颖　李　静　陈晓倩　万宇轩

编写人员（按姓氏笔画排序）

万宇轩　王登举　王雅菲　刘小丽　李　岩
李　茗　李　静　李　慧　何　璆　张　曦
张超群　陈　洁　陈　勇　陈晓倩　赵　丹
赵麟萱　钱伟聪　徐　斌　宿海颖　蒋宏飞
廖　望

前 言

随着经济全球化的深入以及我国林产工业和林产品贸易加快转变方式、调整结构,培育竞争新优势,我国林产品贸易进出口实现较快增长,林产品总贸易额跃居世界首位。但是我国仍然是一个缺林少绿、生态脆弱的国家,森林资源总量不足,为满足经济社会快速发展的需要,近年来依靠大量进口木材、木浆等林产品来平衡国内市场供应,木材对外依存度达到48%。因此,开展区域水平的森林治理合作,帮助企业"走出去"、开展境外林业投资,既是维护国家生态安全,保障我国木材安全和经济发展的重要举措,也是促进我国企业参与国际经济大循环,推动产业转型升级和战略性调整的迫切需要,更是促进全球森林可持续培育、经营和利用,避免国际贸易摩擦,树立负责任大国形象的必然选择。

当前,世界林产品贸易格局发生了深刻的变革,主要木材生产国打击木材非法采伐和禁止天然林原木的出口呼声越来越高,有关政策措施越来越严厉,进口和使用合法或认证的木材与木制品已成为国际共识。中国作为全球最大林产品生产国和消费国,从俄罗斯、东南亚、非洲等地进口木材,其中部分被认为是"非法木材",而受到国际社会的批评和指责。在打击木材非法采伐及相关贸易问题上,中国的立场是一贯和坚定的。我们坚决反对并打击非法采伐及相关贸易行为,坚持互利共赢、可持续发展的森林资源管理合作战略,愿与国际社会共同努力,为促进森林可持续经营、维护正常的林产品贸易、加强全球森林资源保护作出更大的贡献,并为此付出了很多努力和行动。开展区域水平的有关森林治理和合法贸易合作,有利于在国际谈判中更好地维护国家利益,应对国际上针对中国利用非法木材的指责,避免国际贸易摩擦,树立负责任大国形象。

我国绿色林产品贸易的发展离不开市场机制的推动,企业的广泛参与,需要通过公共服务平台这个媒介进行汇聚，并对外展示我国在开展打击非法采伐、开展负责任林产品贸易方面的努力和行动。因此，重视探索创新绿色林产品市场服务模式，增强服务能力建设，打造公益性、专业化的绿色林产品供应链公共服务平台，利用"互联网+"、信息化思维和手段不断完善负责任林产品贸易管理政策机制，对于全面推行负责任林产品贸易、促进产业绿色转型发展十分迫切。

当前，印度尼西亚等"一带一路"沿线的东盟国家拥有丰富的热带森林资源，是我国热带材的重要来源地，也是我国林业海外投资的重要目的国，但是东盟各国森林治理水平普遍较差，毁林严重，尤其是该地区的非法采伐加剧了毁林带来的危害。为此，东盟各国针对非法采伐及其相关贸易采取强有力的措施，一方面改善国内森林治理政策措施；另一方面也积极寻求全球最大木材及木材产品加工国和贸易国中国的合作。

鉴于此，世界银行贷款中国经济改革促进与能力加强技术援助项目（TCC6）支持开展了"中国-东盟加强森林治理与合法木材贸易合作机制与平台构建"子项目。本项目拟通过构建中国-东盟加强森林治理与合法木材贸易合作政策机制与平台，包括提出中国与印度尼西亚开展森林治理与合法木材贸易合作的政策框架和实施途径，编制《中国与主要东盟国家木材合法贸易指南》，建立公益性和专业化的中国与东盟负责任林产品供应链及产品数据平台，推进有关中国与东盟森林治理以及合法或可持续的林产品贸易之间的政策协调与产业发展合作，在"一带一路"倡议下树立发展中国家主要市场之间开展森林治理与负责任林产品贸易的合作典范。

本项目由执行单位国家林业和草原局规划财务司负责实施，中国林业科学研究院林业科技信息研究所、国家林业和草原局林产品国际贸易研究中心作为咨询机构，北京林业大学经济管理学院陈晓倩教授作为咨询专家共同支持项目的开展。本书是此项目的核心成果。另外，国家林业和草原局国际合作司支持的"重点国家合作战略研究—印度尼西亚"项目为本研究提供了基础材料和初步研究成果，本书也集成了此项目的产出。本书各章节作者如下：第一章，徐斌、陈洁；第二章，李慧、徐斌；第三章，李静、万宇轩；第四章，陈洁、李茗、何璆；第五章，陈洁、廖望、赵丹；第六章，张超群、刘小丽、赵麟萱、徐斌；第七章，万宇轩、李静、徐斌；第八章，廖望、张超群、李岩；第九章，陈洁、何璆、王雅菲；第十章，陈洁、何璆、赵丹；第十一章，陈洁、王雅菲；第十二章，宿海颖，刘小丽，张曦；第十三章，宿海颖、陈晓倩、蒋宏飞；第十四章，宿海颖、陈晓倩、钱伟聪。最后由王登举、徐斌、陈洁、宿海颖、李静和万宇轩完成全书的统稿和审稿工作。

本书在撰写过程中，得到了财政部国际财金合作司、世界银行TCC6项目管理办公室、国家林业和草原局规划财务司、国家林业和草原局国际合作司以及中国林业科学研究院林业科技信息研究所各位领导与专家的大力支持，在此一并表示感谢。由于作者水平有限，本书疏漏和不足之处在所难免，敬请广大读者批评指正。

项目组

2021年9月

目 录

前 言

上篇　中国-东盟森林治理合作机制构建

第1章　中国—东盟加强森林治理合作的意义 ... 3
1.1　东盟概况 ... 3
1.2　中国与东盟关系 ... 4
1.3　加强中国—东盟森林治理合作的重要性与必要性 ... 4

第2章　东盟森林资源与林业管理 ... 9
2.1　森林资源状况 ... 9
2.2　森林资源管理 ... 12
2.3　林业的主要特点与问题 ... 13

第3章　东盟林业产业与林产品贸易 ... 15
3.1　林产品生产与加工 ... 15
3.2　林产品贸易 ... 17

第4章　中国—东盟森林治理合作现状 ... 21
4.1　合作现状 ... 21
4.2　面临的挑战与问题 ... 25
4.3　加强中国—东盟林业合作路径建议 ... 28

第5章　新时代中国—东盟森林治理合作机制构建 ... 32
5.1　指导思想 ... 32
5.2　基本原则 ... 32
5.3　战略目标 ... 33
5.4　重点合作领域 ... 33
5.5　合作形式与途径 ... 35
5.6　实施步骤 ... 35

中篇　中国—印度尼西亚森林治理合作案例

第 6 章　印度尼西亚森林资源与林业管理 ... 39
6.1　森林及其他自然资源 ... 39
6.2　林业管理体制 ... 40

第 7 章　印度尼西亚林业产业与林产品贸易 ... 42
7.1　林业产业 ... 42
7.2　林产品生产与加工 ... 42
7.3　林产品贸易 ... 44
7.4　印度尼西亚与中国的林产品贸易 ... 46

第 8 章　印度尼西亚对外贸易与投资法律法规 ... 48
8.1　对外贸易的法规政策 ... 48
8.2　对外投资的法规政策 ... 49
8.3　税收政策 ... 50
8.4　对外国投资的优惠政策 ... 51
8.5　有关劳动就业的政策 ... 52
8.6　有关外国企业获得土地的政策 ... 53
8.7　有关环境保护的法规政策 ... 54
8.8　有关商业贿赂的法律规定 ... 55

第 9 章　印度尼西亚林业国际合作 ... 56
9.1　双边及多边林业合作 ... 56
9.2　与国际组织的林业合作 ... 62

第 10 章　中国—印度尼西亚森林治理合作现状 ... 65
10.1　现实基础 ... 65
10.2　面临的挑战 ... 71
10.3　合作的需求与关注点 ... 74

第 11 章　新时代中国—印度尼西亚加强森林治理合作机制 ... 78
11.1　指导思想 ... 78
11.2　合作原则 ... 78
11.3　合作目标 ... 79
11.4　合作任务 ... 79

11.5　实施途径 ·· 82

下篇　中国—东盟合法木材贸易指南

第 12 章　中国木材合法性采购指南 ·· 89
12.1　林业概览 ·· 89
12.2　林业法规政策 ·· 91
12.3　木材合法性管控体系 ·· 95
12.4　合法木材采购指南 ··· 98

第 13 章　印度尼西亚木材合法性采购指南 ·· 106
13.1　林业概览 ·· 106
13.2　林业法规政策 ·· 107
13.3　木材合法性管控体系 ·· 113
13.4　合法木材采购指南 ··· 121

第 14 章　泰国木材合法性采购指南 ·· 130
14.1　林业概览 ·· 130
14.2　林业法规政策 ·· 131
14.3　木材合法性管控体系 ·· 134
14.4　合法木材采购指南 ··· 136

参考文献 ··· 148

附　件 ·· 150
中国木材合法采购林业法律清单 ·· 150
中国木材合法性采购主要文件（证书）模板 ··· 152
印度尼西亚木材合法采购主要文件（证书）模板 ·· 157
泰国木材合法采购林业法律清单 ·· 164
泰国木材合法采购主要文件（证书）模板 ·· 165
泰国木材合法采购其他资源 ··· 174

中国—东盟森林治理合作机制构建 上篇

森林具有经济、社会和生态多种功能，决定了森林问题的跨部门属性和多利益群体参与的复杂性（吴志民等，2015）。然而，由于森林的复杂性，在人口快速增长、经济发展动力增强的情况下，人类发展和环境保护之间的关系已然失衡，森林特别是生物多样性丰富的热带森林面积在逐年缩小，非法采伐逐渐成为了一个国际性问题（Muller 等，2009；EU，2010；Canadian Council of Forest Ministers，2004）。非法木材采伐已成为各国森林治理体系中的重要议题和内容。加强森林治理、有效打击非法采伐、贡献森林可持续经营，成为国际社会的一个重要选择和手段。通过建立透明的治理进程、促进行政管理的专业性、提高政府行政部门执法能力及推动社会团体组织积极参与森林相关的决策制定是提高森林治理和解决非法采伐的重要因素（Muller 等，2009）。

在此情况下，开展中国—东盟加强森林治理与合法木材贸易合作，符合国家主席习近平提出的绿色发展和打造人类命运共同体的理念，符合我国提出的"一带一路"倡议。同时，开展中国—东盟区域水平的森林治理合作，帮助企业"走出去"、开展境外林业投资，既是维护国家生态安全，保障我国木材安全和经济发展的重要举措，也是促进我国企业参与国际经济大循环，推动产业转型升级和战略性调整的迫切需要，更是促进全球森林可持续培育、经营和利用，避免国际贸易摩擦，树立负责任大国形象的必然选择。本篇基于东盟森林资源、林产品贸易与森林治理的现状，对中国与东盟加强森林治理合作的现状、面临的问题和挑战进行了梳理，提出了中国—东盟加强森林治理和合法木材贸易合作的政策建议。

第1章

中国—东盟加强森林治理合作的意义

东盟地区森林面积达 2.07 亿 hm^2，生物多样性丰富。林业对东盟而言，是一个非常重要的经济部门，而林业合作也已成为东盟各国最为关注的议题之一。中国—东盟林业合作可追溯到 1977 年，如今林业已被纳入中国—东盟合作框架。随着东盟经济共同体正式建成，中国—东盟林业投资贸易日益紧密，特别是在全球打击非法采伐、促进合法木材贸易的背景下，中国—东盟对加强森林治理和合法木材贸易合作均有较强烈的诉求。

1.1 东盟概况

1967 年 8 月 7~8 日，印度尼西亚、新加坡、泰国、菲律宾四国外长和马来西亚副总理在泰国首都曼谷举行会议，发表了《东南亚国家联盟成立宣言》，即《曼谷宣言》，正式宣告成立东南亚国家联盟（ASEAN，简称东盟）。目前已发展成为包括文莱、柬埔寨、印度尼西亚、老挝、马来西亚、缅甸、菲律宾、新加坡、泰国、越南 10 个成员国的区域性经济组织，总面积约 449 万平方千米，人口 6.6 亿（截至 2019 年），秘书处设在印度尼西亚首都雅加达。东盟峰会是东盟最高决策机构，由各成员国国家元首或政府首脑组成，东盟各国轮流担任主席国。

为加强成员国之间的贸易关系，东盟于 1992 年的峰会中，采纳了强化经济合作关系架构协议，通过消除关税和非关税障碍，于 2003 年建立东盟自由贸易区（简称 AFTA），关税为 0%~5%，以加强成员国之间的经济效益、生产力和竞争力。

东盟积极开展多方位外交，有中国、日本、韩国、印度、澳大利亚、新西兰、美国、俄罗斯、加拿大、欧盟 10 个对话伙伴。1994 年 7 月，东盟倡导成立东盟地区论坛（ARF），主要就亚太地区政治和安全问题交换意见。1994 年 10 月，东盟倡议召开亚欧会议（ASEM），促进东亚和欧盟的政治对话与经济合作。1997 年，东盟与中国、日本、韩国共同启动了东亚合作，之后东盟与中日韩（10+3）合作、东亚峰会（EAS）等机制相继诞生。1999 年 9 月，在东盟倡议下，东亚—拉美合作论坛（FEALAC）成立。

2011 年 11 月，东盟提出"区域全面经济伙伴关系（RCEP）"倡议，旨在构建以东盟为核心的地区自贸安排。2012 年 11 月，在第七届东亚峰会上，东盟国家与中、日、韩、印、澳、新（西兰）6 国领导人同意启动 RCEP 谈判。2020 年 11 月，第四次 RCEP

领导人会议以视频方式举行,会上,中国、日本、韩国、澳大利亚、新西兰和东盟十国正式签署了 RCEP 协定,标志着当前世界上人口最多、经贸规模最大、最具发展潜力的自由贸易区正式启航(中国外交部网站,2021)。

1.2 中国与东盟关系

中国与东盟自 1991 年开启对话进程。经过近 30 年共同努力,双方政治互信明显增强,各领域务实合作成果丰硕。双方都认为,中国—东盟关系已成为东盟同对话伙伴关系中最富内涵、最具活力的一组关系,发展前景广阔。

政治上,中国于 2003 年作为东盟对话伙伴率先加入《东南亚友好合作条约》,与东盟建立了面向和平与繁荣的战略伙伴关系。2011 年 11 月,中国—东盟中心正式成立,作为一站式信息和活动中心,着力促进中国与东盟贸易、投资、教育、文化、旅游、信息媒体等领域合作。在国际地区事务上,双方开展密切协调与配合。中国坚定支持东盟在区域合作中的中心地位,支持东盟在构建开放包容的地区架构中发挥更大作用。双方致力于共同推动东亚区域合作健康发展,共同应对地区现实和潜在挑战。双方在东盟与中日韩(10+3)合作、东亚峰会、东盟地区论坛、亚洲合作对话、亚太经合组织等合作机制下保持良好沟通与合作。

经济上,中国自 2009 年起已连续 12 年成为东盟第一大贸易伙伴。2002 年 11 月,中国同东盟签署《全面经济合作框架协议》。2010 年 1 月,中国—东盟自贸区全面建成,2019 年 10 月,中国—东盟自贸区升级《议定书》全面生效。2020 年,双方贸易额达 6846 亿美元,同比增长 6.7%,东盟首次成为中国第一大贸易伙伴。

中国与东盟建立了较为完善的对话合作机制,主要包括领导人会议、外长会、部长级会议、高官会等,并建立了中国—东盟联合合作委员会,每年在印度尼西亚雅加达举行会议(中国—东盟中心网站,2020)。

1.3 加强中国—东盟森林治理合作的重要性与必要性

1.3.1 加强中国—东盟森林治理合作的重要性

开展合法木材贸易、提高森林治理水平、实现森林可持续发展已成为包括东盟在内的世界各国的共同要求,也是我国林业对外经济贸易的核心内容。

(1)加强中国—东盟森林治理合作对于提高全球林业可持续管理和环境保护具有重要意义。随着经济全球化进程的加剧,以气候变化为特征的全球生态环境问题日益突出,林业已成为事关经济社会可持续发展的根本性问题。开展森林资源的可持续经营和利用,选择人与自然和谐共生的可持续发展道路是国际社会的广泛共识。中国是林产品生产和贸易大国,推动负责任林产品生产、贸易和投资,对推进全球森林治理意义重大,也是中国林产品企业健康有序发展的必由之路。

当前,印度尼西亚等"一带一路"沿线的东盟国家拥有丰富的热带森林资源,是我国热带材的重要来源地，也是我国林业海外投资的重要目的国，但是东盟各国森林治理水平普遍较差，毁林严重，尤其是该地区的非法采伐加剧了毁林带来的危害。为此，东盟各国针对非法采伐及其相关贸易采取强有力的措施，一方面改善国内森林治理政策措施；另一方面也积极寻求全球最大木材及木材产品加工国和贸易国中国的合作。因此，中国和东盟加强森林治理合作对于提升东盟森林治理水平、促进全球森林可持续经营具有重要意义。

(2)加强中国—东盟森林治理合作对构建人类命运共同体和推进林业绿色发展具有重要意义。党的十八大以来，国家主席习近平对绿色发展理念和打造人类命运共同体进行了系列阐述，指出"绿色"成为中国一切发展的底色要求，要着力推进国土绿化、建设美丽中国，还要通过"一带一路"建设等多边合作机制，互助合作开展造林绿化，共同改善环境，贡献于人类命运共同体的构建。在《推动共建丝绸之路经济带和21世纪海上丝绸之路的愿景与行动》中，明确表示在投资贸易中应突出生态文明理念，加强生态环境、生物多样性和应对气候变化合作，共建绿色丝绸之路。从林业发展来说，国家林业局(现国家林业和草原局)印发的《林业发展"十三五"规划》也明确提出，林业要在全球生态治理格局中扮演更加重要的角色，将我国林业发展战略与国际社会可持续发展的主流思想保持一致，同时完善林业法制体系，推进林业绿色发展。

东盟国家处于"一带一路"沿线，是共建"一带一路"的核心区域。2013年，国家主席习近平提出，愿同东盟国家共建21世纪海上丝绸之路，携手共建更为紧密的中国—东盟命运共同体。新形势下，东盟是周边外交优先方向和高质量共建"一带一路"重点地区。目前，中国—东盟关系成为亚太区域合作中最为成功和最具活力的典范，成为推动构建人类命运共同体的生动例证。

东盟国家在许多重要国际林业问题上与我国具有相同或相近的利益诉求，是我国开展周边外交、推进实施"一带一路"愿景和行动的重点，国家林业和草原局已将推进中国—东盟林业合作与交流作为"十三五"林业国际合作规划的重点。2016年9月，国家林业局与广西壮族自治区政府在南宁市共同举办了中国—东盟林业合作部长级论坛，通过了《关于共同促进RCEP加快生效的南宁倡议》(以下简称《南宁倡议》)，确定了中国和东盟成员国将在林业减缓和适应气候变化、林业产业和相关贸易、林业科技、野生动植物保护、林业灾害联防5个领域开展交流与合作。因此，推进中国—东盟加强森林治理合作，是中国与东盟林业国际合作的核心内容，对于推进绿色"一带一路"建设、构建人类命运共同体具有重要意义。

(3)加强中国—东盟森林治理合作对于构建国内国际双循环、保障我国木材安全具有重要意义。党的十九届五中全会提出，加快构建以国内大循环为主体、国内国际双循环相互促进的新发展格局。国家主席习近平强调，开放是国家进步的前提，封闭必然导致落后。当今世界，经济全球化潮流不可逆转，任何国家都无法关起门来搞建设，中国也早已同世界经济和国际体系深度融合。东盟历史性地成为中国第一大贸易伙伴，形成了中国与东盟互为第一大贸易伙伴的良好格局，因此东盟是我国开展双循环的首选。2020年11月15日，中国和东盟十国以及日本、韩国、澳大利亚、新西兰共同签署《区域全面经济伙伴关系协定》(RCEP)，充分展示了区域国家支持多边主义和自由贸易，进一步深化经贸合作的共同意愿，将为加快构建新发展格局提供更有利的外部条件。RCEP 自贸区的建成是我国实施自由贸易区战略取得的重大进展，将为我国在新时期构建开放型经济新体制，形成以国内大循环为主体、国内国际双循环相互促进的新发展格局提供巨大助力。

RCEP 协定签署是东亚区域经济一体化新的里程碑。RCEP 现有 15 个成员国，总人口、经济体量、贸易总额均占全球总量约 30%，意味着全球约 1/3 的经济体量形成一体化大市场。这将有力提振区域贸易投资信心，加强产业链供应链，提升各方合作抗疫的能力，助推各国经济复苏，并促进本地区长期繁荣发展。RCEP 的签署将显著提升东亚区域经济一体化水平，促进区域产业链、供应链和价值链的融合。

中国已成为东盟各国最重要的林产品出口市场。东盟是我国原木、锯材和纸浆产品的主要进口来源国。在出口方面，中国主要向东盟出口人造板、纸与纸板和家具等木质林产品。开展区域水平的森林治理合作，帮助企业"走出去"、开展境外林业投资，既是维护国家生态安全，保障我国木材安全和经济发展的重要举措，也是促进我国企业参与国际经济大循环，推动产业转型升级和战略性调整的迫切需要。

1.3.2 加强中国—东盟森林治理合作的必要性

(1)林业合作将为中国—东盟合作增加绿色底色。近年来，随着中国经济实力的上升和周边政治、安全形势的变化，中国提出"一带一路"倡议，服务于中国周边外交政策调整以及内陆、沿边地区的对外开放(赵洪，2016)。随着全球生态环境治理进一步完善，绿色发展成为"一带一路"倡议的核心趋势和要求。

森林作为"地球之肺"，是陆地上分布面积最大、组成结构最复杂、生物多样性最为丰富的生态系统，具有涵养水源、保持水土、防风固沙、抵御灾害、吸尘杀菌、净化空气、改善气候、保护物种、保存基因、固碳释氧等多种生态功能和价值，发挥着重要的经济、生态和社会效益。

鉴于森林的重要作用，东盟非常注重林业合作，在《2025 年东盟经济共同体蓝图》提出促进森林可持续发展和森林社区生计改善的多项措施，强调保护环境和自然资源是保障经济可持续发展的基础(ASEAN，2015)。同时，鉴于林业对于增加人民福利和扩大中产阶级具有关键性的作用，《2025 年东盟经济共同体蓝图》提出以促进森林可持续经营为手段促进区域林业深度一体化。并且在《2025 年东盟社会文化共同体蓝图》中指出森林在东盟文化连接和认同中起着重要作用，提出加强区域森林可持续经营合作，实现生物多样性及自然资源的保育和可持续经营(ASEAN，2016)。

中国在全球绿色发展、生态保护的大背景下，在对外合作中也高度重视绿色经济发展。在 2017 年出台的《共建一带一路：理念、实践及中国的贡献》中将生态环境保护纳入了"一带一路"建设中，提出要建设合作平台，加强林业和野生物种保护合作，推动绿色投融资，应对气候变化。国家主席习近平在党的十九大报告中呼吁各国合作，构建人类命运共同体，建设持久和平、普遍安全、共同繁荣、开放包容、清洁美丽的世界。而林业则是实现人类命运共同体目标的支柱性行业。

由此可见,中国—东盟林业合作符合双方发展战略目标,将为"一带一路"倡议增加绿色底色,切实实现绿色合作、绿色发展。同时有助于提升本区域的森林可持续经营,从而实现经济、文化和社会共同体的发展目标。

(2)中国—东盟在推进森林治理和合法木材贸易的诉求一致。随着森林在减缓和适应气候变化方面的作用日益得到认可,森林执法和施政备受全球关注。为了推行森林执法和施政,中国和东盟在加强森林执法、提升森林治理水平、促进合法木材生产贸易方面开展了大量工作。经过30多年的实践,人们逐渐认识到,打击非法采伐和贸易不是单一国家的事,而是需要全球各国政府共同努力。

东盟充分意识到非法采伐问题的严重性,希望通过加强森林治理,促进合法木材贸易,以减少非法采伐。在国际社会的关注与支持下,东盟成为亚太地区森林执法和施政管理进程的主导力量,启动了一系列解决非法采伐和非法木材贸易的行动,包括:①发布了《东盟加强森林执法与施政(FLEG)进程的声明》,使之成为东盟FLEG进程的政治里程碑;②随着印度尼西亚、马来西亚、越南等成员国建立完善木材合法证保证体系,推进合法木材的生产和贸易,东盟积极推进区域性森林治理、森林可持续经营标准及合法木材互认等方面的合作;③2015年9月30日发布了《打击跨国犯罪吉隆坡宣言》,将木材非法贩运作为被监管的跨国犯罪新领域,提出考虑统一东盟相关国家的政策法规,提升打击木材跨国非法贩运的行动;④发布《2016—2025年东盟森林执法与施政工作计划》,首次就森林执法与施政区域合作进行战略性规划和系统部署,提出要提高执法人员和司法人员的能力建设,促进各利益方开展合作,应对非法采伐、运输和贸易的主要问题与挑战,通过实现森林可持续经营,提高东盟林产品的国际竞争力,共同促进区域减贫(AMAF,2016)。这些努力使东盟走到了全球提高森林治理和打击非法采伐的前列,得到了国际社会的广泛认可。

中国也在加强森林执法和施政工作:一是修订《中华人民共和国森林法》,理顺了森林治理体系面临的挑战和问题,优化了森林经营管理的机制。二是建立实施中国森林认证体系(CFCC),并与PEFC体系实现国际互认,对中国森林可持续经营产生了积极的影响。三是研建中国木材合法性验证体系,开发了尽职调查标准与手册,开展木业企业试点,并帮助全国性行业协会制定实施《中国木材合法性验证标准》,推广木材合法性验证。这些举措不但保证了国内材的合法性,而且通过市场机制,提高企业满足木材合法性的意识和能力,一定程度上保证了进口材的合法性。

中国和东盟是互为重要的林产品贸易伙伴国,进一步推进森林执法与施政,努力推动打击非法采伐及其贸易,贡献区域内森林可持续经营,是双方共同愿望,也是开展加强森林治理和合法木材贸易合作的基础。

(3)中国—东盟急需建立有效工作机制推进可持续林业合作。东盟通过农业和林业部长级会议、林业高官会议以及森林执法与施政(FLEG)、森林可持续经营等工作组三级组织机构,初步建立区域内森林执法与施政工作机制及森林可持续经营合作机制。尤其是在2016年第38届东盟农业和林业部长级会议(AMAF)上,将加强森林执法与施政作为区域林业合作的重点，指出迫切需要在区域和国际层面开展有效合作，提出要制定木材合法性互认制度的区域框架，通过加强国家森林政策和条例以及执法机构间协调合作，加强打击非法采伐及其贸易相关活动（AMAF，2016b）。FLEG 工作组在农业和林业部长级会议和林业高官会议的指导下，经过多年努力，制定了 3 个指导性文件：①《东盟分阶段实施森林认证指南（PACt）》，明确了森林认证原则、木材合法来源验证最低要求和森林认证分阶段实施的关键要素（AMAF，2012），倡导成员国就森林认证基本方法达成共识，逐步开发建立适合自身国情林情的森林认证指导框架；②《东盟木材合法性标准和指标》，确定了一套从木材来源到最终消费端的木材合法性评估核心要素，提出了环境保护、健康和安全以及社区权利等相关规定（AMAF，2012）；③《东盟合法和可持续木材产销监管链指南》，提供了单独的合法性和可持续性产销监管链指南，为构建区域合法、可持续木材产销监管链系统提供了参考（AMAF，2012）。

然而，中国—东盟虽然有加强森林治理和合法木材贸易合作的诉求和基础，但如何推进相关合作，目前还未有一个有效的工作机制，无法真正落实具体合作活动。东盟目前正在磋商制定林业和木材企业进口行为准则，以规范木材进口，避免跨境木材合法性信息丢失和监管不足导致的来源不清，其核心要素包括进口企业开展尽职调查、供应链文件查验和寻求更多认证/验证以降低风险等。在中国木业企业对东盟出口增加、产业链向东盟转移的趋势下，东盟这些举措将对我国企业产生极大的影响。因此，有必要加大中国—东盟森林治理和合法木材贸易合作机制的研究，通过建立运行长期稳定的高效工作机制，切实保证中国—东盟在木材合法性、森林治理方面的合作，保证森林可持续经营，促进区域绿色经济发展。

第 2 章
东盟森林资源与林业管理

2.1 森林资源状况

2.1.1 森林资源

东盟地区森林资源丰富,是仅次于亚马孙和刚果盆地热带雨林的全球第三大热带雨林所在地,占全球雨林总面积比重约 20%。2020 年,东盟森林总面积约 2.07 亿 hm^2,占全球森林总面积近 5.1%;森林覆盖率 47.0%,比全球森林覆盖率高出 16 个百分点;森林蓄积量 240.1 亿 m^3,占全球总量的 3.6%;单位面积蓄积量为 116.2 m^3/hm^2,略低于全球平均数据 132.8 m^3/hm^2。然而,近 30 年来,东盟森林总面积、森林覆盖率及森林蓄积量均呈明显的下降趋势(图 2-1 至图 2-3)。其中,森林覆盖率从 1990 的 55.6% 下降至 47.0%,下降了 8.6%。

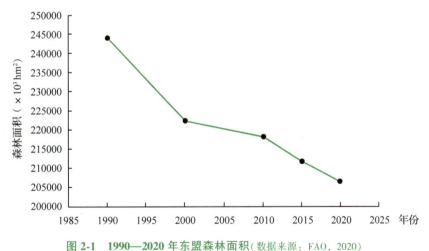

图 2-1　1990—2020 年东盟森林面积(数据来源:FAO,2020)

东盟加强森林治理对促进全球森林可持续经营、合法木材贸易及实现全球可持续发展目标等方面具有重要作用。然而,东盟各国森林资源分布并不均衡,主要分布在印度尼西亚、缅甸、泰国、马来西亚、越南、老挝等国家,差异较大(表 2-1)。印度尼西亚是森林资源最丰富的东盟国家,无论是森林面积还是蓄积量都占东盟地区的近一半。马来西亚森林质量最高,单位面积森林蓄积量达到 216.2 m^3/hm^2。

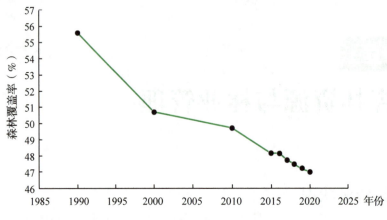

图 2-2　1990—2020 年东盟森林覆盖率(数据来源：FAO，2020)

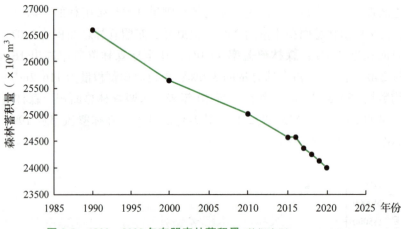

图 2-3　1990—2020 年东盟森林蓄积量(数据来源：FAO，2020)

表 2-1　东盟十国森林资源现状

地区/国家	土地面积 （万 hm²）	森林面积 （万 hm²）	森林覆盖率 （%）	森林蓄积量 （亿 m³）	单位面积蓄积量 （m³/hm²）
印度尼西亚	18775.2	9213.3	49.1	102.3	111.0
泰国	5108.9	1987.3	38.9	18.9	95.2
越南	3100.7	1464.3	47.2	12.2	83.2
马来西亚	3285.5	1911.4	58.2	41.3	216.2
老挝	2308.0	1659.6	71.9	9.8	59.3
柬埔寨	1765.2	806.8	45.7	8.5	105.0
缅甸	6530.8	2854.4	44.9	9.0	31.6
菲律宾	2981.7	718.9	24.1	12.3	171.5
新加坡	7.1	1.6	22.5	—	—
文莱	52.7	38.0	72.1	0.7	189.5
东盟	43915.8	20655.5	47.0	240.1	116.2
世界	1303849.7	405893.0	31.1	5389.1	132.8

数据来源：FAO，2020。

2.1.2 森林用途

从森林的主要用途来看,2020年东盟的森林主要作为生产林,面积为8440万 hm^2,约占总森林面积的43%,其次是生物多样性保护林、水土保持林和多用途林,分别占26%、22%和9%。近30年间,东盟地区生产林面积有所下降,用于保护目标的森林面积有所增加(图2-4)。

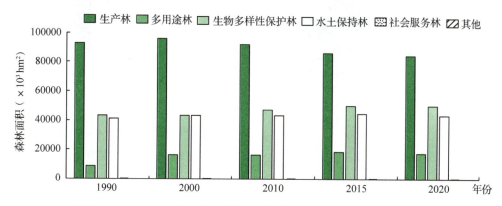

图2-4 1990—2020年东盟森林的主要经营目标(数据来源:FAO,2020)

从森林保护角度,近30年间东盟生态保护用途的森林面积整体呈上升趋势。1990—2020年,东盟用于水土保持与生物多样性保护的森林面积稳步上升。其中,生物多样性保护林面积增长更快(图2-4)。1990—2020年保护区的森林面积从5683.5万 hm^2 增加到6780.9万 hm^2,这表明东盟国家日益重视对森林的保护和森林防护效益的发挥(图2-5)。相对于生产林面积占绝对优势的其他东盟国家,泰国是唯一一个保护林面积大于生产林面积的国家。

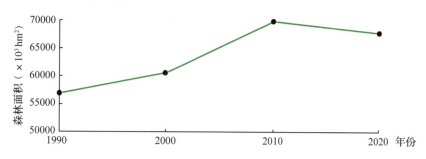

图2-5 1990—2020年东盟保护区的森林面积

2.1.3 森林结构

从森林的起源来看,东盟国家绝大部分森林为天然林,其中原始林面积为5054.4万 hm^2,约占森林总面积的24.5%,其他天然更新林13871.44万 hm^2,约占67.2%,而人工林面积为1729.7万 hm^2,约占8.4%(图2-6)。近30年,天然林呈现逐步下降的趋势,从1990年的23763.2万 hm^2 下降至2020年的18925.9万 hm^2,下降了20.4%;

而人工林面积从 1990 年仅 654.0 万 hm² 增加至 2020 年的 1729.7 万 hm²，增加了 164.5%。

从森林的所有权结构来看，绝大多数森林为公有林，大都为不同层级的政府所有，约占 90.3%，私有林面积仅占 6.0%，还有 3.6% 的森林所有权未知（图 2-7）。

图 2-6　2020 年东盟森林类型

（数据来源：FAO，2020）

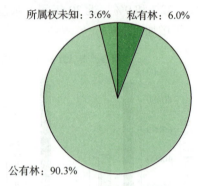

图 2-7　2020 年东盟森林所有权结构

（数据来源：FAO，2020）

2.2　森林资源管理

2.2.1　严控采伐限额

东盟多国政府均对本国森林采伐进行了严格的控制。印度尼西亚、越南、马来西亚的采伐活动均需得到政府审批。印度尼西亚的森林采伐由林业部统一规划管理。政府划定采伐区，并依据采伐区林分结构和立地条件制定严格的采伐限额。采伐单位需依据政府签发的采伐证严格按照采伐限额进行采伐作业，不得超采。在越南，有天然林采伐权的企业及个人必须提交投资及森林管理、保护与生产运营计划，在获得政府批准后方可采伐森林。国营人工林的采伐则须提交采伐计划，计划须符合农业农村发展部批准的全国计划，得到地方农业与农村发展局认可后纳入地方森林采伐计划，地方林务局批准采伐后可实施采伐。马来西亚政府主要通过控制采伐面积与蓄积量来管理天然林资源，其森林经营规划确定了年采伐量、生产林采伐面积、采伐蓄积量和造林更新管理措施。

2.2.2　大力支持人工造林

东盟多国颁布了激励私营部门营造人工林的优惠政策。印度尼西亚为人工造林提供无息贷款（占造林成本 32.5%），偿还期长达 7 年。政府还通过与私营部门合资造林的模式降低私营部门投资风险（政府投资额约占 40%）。老挝政府积极发展含生物能源林与高价值树种在内的人工林产业，鼓励国内外投资者及农民在其休耕的土地上种植橡胶、沉香、柚木和桉树等。政府具体的激励手段包括通过分配或租借土地用于造林、免征注册人工林的土地税、免费发放造林苗木等。此外，老挝政府还与丹麦国际开发署、日本国际协力机构等资助机构开展了促进本国人工林发展的国际项目。缅甸政府从 2005 年起，逐步开放土地供私人造林，造林年限 25～40 年。近 10 年来，缅甸先后允许私人申请土地种植柚木、竹藤及其他硬木。政府允许外资在全境范围内的荒山区域进行木材种植。相比于印度尼西亚、马来西亚与老挝等国家，缅甸的政策对林业投资者的激励效果更弱。

2.2.3 加大生物多样性保护力度

生物多样性丰富是东盟地区的重要区域特征。东盟各国保护生物多样性的途径主要包括规划建设保护区及颁布相关政策法律。近 20 年间，东盟多国近年来的保护区面积均呈上升趋势。马来西亚已建立了包含国家公园、野生生物栖息地、自然公园、鸟类保护区在内的生物多样性保护区网络。泰国将建立国家公园、森林公园、野生生物庇护区及禁猎区作为一项宏观保护战略来实施，还建立了几十个大象、鳄鱼、蛇类、鸟类等野生动物驯养基地和检验中心。菲律宾建立了"国家综合保护区系统（NIPAS）"，并通过法律禁止保护区内任何形式的野生动物利用。针对保护区外的物种，菲律宾保留了一定量的无干扰区域，印度尼西亚通过《生物保护法》实施了种一级交易限制及保护繁殖等措施。东盟各国均建立了野生动植物保护相关的法律法规，全面规范本国野生动植物资源的监测、保护、利用与交易活动。马来西亚是《气候变迁框架协议》和《生物多样性公约》的签字国之一，也是《关于特别是作为水禽栖息地的国际重要湿地公约》（以下简称《湿地公约》）的签署国，是东盟地区为数不多的积极参与国际公约的国家。

2.3 林业的主要特点与问题

2.3.1 森林资源丰富，毁林问题严重

东盟地区具有丰富的热带森林资源，长期以来与我国保持良好的林业合作和贸易，是我国重要的热带木材来源国。1990—2020 年，东盟地区生物多样性保护林、水土保持林和保护区内的森林面积均有所增加，并与国际社会合作，加强森林在减缓气候变化、加强湿地保护等方面的合作，有效保护森林生态环境。

东盟国家同时普遍面临着严峻的毁林问题：一是森林面积和蓄积量因毁林呈不断下降趋势，1990—2020 年，东盟毁林达 3761.8 万 hm^2，相当于该地区陆地面积的 8.6%；且该地区所有国家单位面积森林蓄积量均有所下降。森林面积减少的主要原因，除战争留下的创伤外，还有不断的刀耕火种、轮垦、森林火灾、过度采伐、非法采伐、人口持续增加等。东盟多国经济社会发展水平落后，国民收入严重依赖森林资源的初级利用，农村地区的生计发展对森林自然资源的依赖性强。二是由于采伐作业质量低下，加之火灾、病虫害、森林破碎化导致的森林衰退等原因，对森林的经济价值和生态功能造成严重影响。三是过度采伐和非法采伐严重，东盟热带森林面积低于其他热带地区，该地区拥有世界上最高的年均森林采伐率，用于商业目的的森林砍伐强度在世界上也是最高的。五是森林权属问题突出，对林业发展和建设起到阻碍作用。林业

发展面临的挑战是森林和林地转化成其他土地用途(农田、牧场、道路、水库和城市用地等)不断增加，国内外对林产品需求不断增多，水土保持压力不断增大，生物多样性保护需求不断增加。

2.3.2 林业产业发展迟缓

尽管东盟地区大多数国家拥有丰富的森林资源，但其林业产业的发展却相当迟缓。经济主要依赖森林资源的初级利用，加工业不发达。农村地区基本生存严重依赖森林资源，绝大多数的村民还居住在由木板、竹子、棕榈叶搭建的简陋房屋内，为此需要大量砍伐木材；而政府主导的大规模商业运作主要是特许经营林地内的木材砍伐，其上交的税收成为政府的收入来源。产业发展以初加工为主，由于林业投资不足、制度不合理以及原材料获取困难等问题，导致林业产业发展缓慢。

（1）林业投资不足。除新加坡外的多数东盟国家经济发展水平均较为落后，政府对林业产业及林业科研的投资力度很小，严重制约了本国林业企业的发展。该区域木材大多用于出口创汇，加之毁林造成的森林面积下降，林业企业面临原材料短缺的问题，林业竞争力有限，很难吸引外资支持。

（2）缺乏政策及制度支持。菲律宾林业政策不稳定，频繁的撤回或修订政策打击了国内外林业投资者与经营者的信心。缅甸几乎没有出台任何支持林业企业的优惠政策，其10%的出口税率严重抑制了林产品出口企业的经营热情。

（3）人力资源匮乏。东盟多国由于经济发展水平的制约，林业科研与教育水平较低，林业人才匮乏，无法满足林业产业的发展需求。

2.3.3 森林资源监管和林业施政能力不足

由于薄弱的经济基础导致东盟多国施政乏力，林业可持续发展法规、政策、理念、规划等无法得到顺利实施。受行政体制、经济实力等因素制约，东盟多数国家政府对本国森林资源的监管不到位。印度尼西亚各层行政管理机构间缺乏协调，林业政策的统一性与林业决策的协调性得不到保证。菲律宾林业主管机构因资金缺乏，无法搭建有效的森林资源监测系统，也没有足够的人员来监督其管辖范围内的所有森林。柬埔寨用于林业部门的资金支持严重不足，其政府机构运行费用及林业部门员工收入严重依赖国际援助资金，一旦国际经济援助中断，林业部门将陷入瘫痪状态。由于缺乏有效监管与执法，森林资源存在破坏性的、非法的、过度的采伐现象。

另外，在全球森林可持续经营的背景下，如何确保木材产品和非木材林产品的持续供应，给林业管理部门带来新的压力。森林经营一方面要求木材产量的持续供应，另一方面森林可持续经营的标准和指标日趋复杂，对森林经营管理提出了更多的环境与社会方面的要求，而森林管理的空间范围从个体森林扩大到整个森林生态系统经营，这些都使东盟的森林经营面临新的挑战。

第3章

东盟林业产业与林产品贸易

3.1 林产品生产与加工

从木材生产来看,东盟具有增长的潜力。印度尼西亚、缅甸、马来西亚生产林面积位居东盟地区前三位(图3-1)。除了印度尼西亚(下降7.5%)之外,东盟各国生产林面积自1990年以来均出现增长。

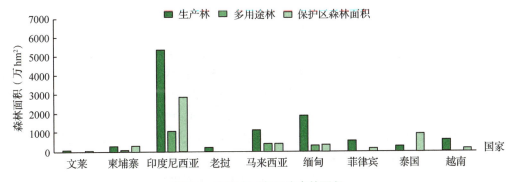

图3-1　东盟十国各用途森林面积

从木材生产和供应潜力来看,马来西亚是森林质量最好的国家,森林年均增长量和森林平均蓄积量最高,分别为每年每公顷9.4 m³和216 m³。马来西亚近年来非常重视人工造林,大力发展桉树等速生丰产林。可以预见马来西亚在今后一定时期内将是重要的木材生产国和出口国。印度尼西亚是东盟森林面积最大的国家,但由于印度尼西亚政府加大森林特别是原始林的保护,生产林面积在逐年下降,保护区森林面积增长很快。但是,考虑到森林面积,印度尼西亚仍将是东盟最大木材生产国。

缅甸和柬埔寨近30年来生产林面积和木材生产量大幅增长,但随着国际社会对这两个国家的合法木材生产及供应越来越关注,木材生产量和出口量预计将会减缓。菲律宾有意扩大其木材产品的出口,但菲律宾木材生产利用政策趋于保守,将在一定程度上影响木材供应能力。

东盟是全球重要的林产品产区,尤其是重要热带硬木产品产区,主要生产的林产品包括原木、锯材、人造板和纸板,初级产品产量较高,受加工水平影响整体深加工产品产量较低。

2019年东盟原木产量为3.04亿m³,占全球原木产量的7.7%,锯材产量为1906.7万m³,占全球锯材产量的3.9%,其中原木产量近20年来一直维持在3亿m³的较高水平,锯材生产量相对较少,每年约在2000万m³(表3-1)。

表3-1 东盟主要林产品生产量 万m³,万t

年份	原木	锯材	人造板	纸和纸板	木浆	木片和碎料
2001	28665.1	1485.1	1616.2	1229.1	580.5	461.9
2003	29684.3	1665.7	1631.2	1330.2	580.3	377.2
2005	29399.1	1778.2	1691.8	1362.3	585.1	415.8
2007	29024.0	1912.2	1806.8	1570.6	695.9	554.4
2009	28158.6	1823.6	1632.2	1827.8	667.2	596.4
2011	29821.7	1981.8	1794.7	1902.3	830.7	1510.6
2013	30906.4	2136.5	1719.4	1951.2	837.3	1744.4
2015	30127.6	2000.1	1832.1	1981.1	862.1	2037.5
2017	29480.5	2090.1	1852.3	2143.3	962.8	1913.1
2019	30418.5	1906.7	1979.4	2193.5	1054.8	2348.7

就国家而言,2019年,仅印度尼西亚的原木产量占到东盟国家的41%,其次是越南、缅甸和泰国,分别占比19%、14%和11%(图3-2);越南的锯材产量占东盟国家的31%,其次为泰国、马来西亚和印度尼西亚,分别占比24%、18%和14%(图3-3)。东盟地区人造板产量小幅稳步增长,2019年产量1.98万m³,占全球人造板产量的5.5%;其中,泰国、印度尼西亚、马来西亚和越南的人造板产量总占东盟国家人造板产量的96%(图3-4),各国深加工水平参差不齐。东盟地区纸和纸板生产力不高,随着生产水平的不断增长,近10年来产量较前期有一定程度增加;其中,印度尼西亚纸和纸板产能较为突出,产量可占到东盟国家总生产量的一半以上。

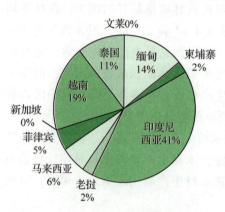

图3-2 2019东盟国家原木产量占比
(数据来源:FAOSTAT,2020)

图3-3 2019东盟国家锯材生产占比
(数据来源:FAOSTAT,2020)

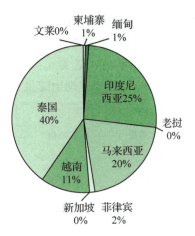

图 3-4　2019 东盟国家人造板产量占比
（数据来源：FAOSTAT，2020）

随着东盟部分国家林业发展的重点由原木出口向木材加工品出口转移，制材工业、人造板工业以及纸浆造纸业在近 10 年来得到了迅速发展，尤其印度尼西亚、越南等国家禁止原木出口政策实施以来，胶合板等深加工业也随之不断扩大。但由于各国森林资源以及经济社会发展水平的不平衡，东盟国家整体的木材加工业仍然较为薄弱。

3.2　林产品贸易

3.2.1　主要林产品出口

东盟木材产品的出口一直呈现平稳上升态势，2019 年林产品出口额达到 233.34 亿美元，同比 2018 年小幅缩减 2.8%（图 3-5），印度尼西亚和马来西亚两国出口额占到东盟林产品出口额的一半左右。东盟林产品的主要出口市场第一是中国，2017 年占比在 26% 左右，其他主要出口国有日本、韩国、印度、美国等。

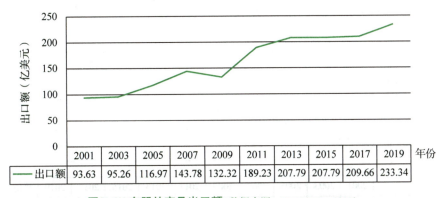

图 3-5　东盟林产品出口额（数据来源：FAOSTAT，2020）

东盟林产品出口种类主要包括人造板、纸和纸板、原木和锯材等。其中，纸和纸板、木浆的出口增速较快，2019 年出口额分别为 70.04 亿美元和 42.35 亿美元，同比

2018年小幅增长；人造板出口平稳，近10年来出口额一直维持在50亿美元左右；随着各国原木出口政策收紧，东盟原木出口额自2014年达到峰值35.42亿美元后，2015年起呈现大幅下滑趋势，到2019年已不足4亿美元；锯材出口自2012年开始迅速增长，到2015年达到36.30亿美元的峰值后也呈现出缩量下降趋势，2019年锯材出口额为25.35亿美元(图3-6)。

图3-6 东盟主要林产品出口额（数据来源：FAOSTAT，2020）

3.2.2 主要林产品进口

东盟林产品进口自2000年以后一直呈现逐步增长趋势，2010年以后增长较为迅速。2019年东盟林产品进口额达到167.8亿美元，较2001年增长了3.5倍(图3-7)。主要进口伙伴国包括中国、美国、日本、加拿大、韩国等。主要进口产品包括纸和纸板、木浆、锯材、人造板等，其中纸和纸板进口额占比最重，进口量呈现大幅上升趋势，2019年纸和纸板进口额达到71.83亿美元，较2000年增长了3倍；木浆、人造板和锯材进口增速平稳，2019年进口额分别为25.95、21.97和19.50亿美元；原木以及木片和碎料进口量较少，木片和碎料进口额增长较为明显，2019年进口额为2.22亿美元，同比2018年增长了3.7倍(图3-8)。

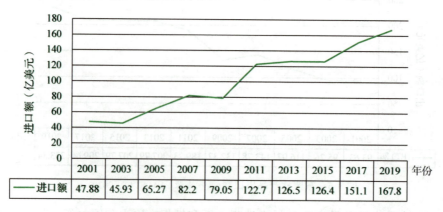

图3-7 东盟林产品进口额（数据来源：FAOSTAT，2020）

图 3-8　东盟主要林产品进口额(数据来源：FAOSTAT，2020)

3.2.3　中国—东盟林产品贸易

2018 年，中国—东盟林产品贸易额 123.39 亿美元，占中国林产品总贸易额的 10.84%。其中，进口额 56.99 亿美元，出口额 66.39 亿美元，分别占总进口额的 10.11% 和总出口额的 11.56%。然而，虽然中国林产品对东盟的出口额有所增长，但进口额却大幅下降，下降幅度达 25.26%（图 3-9），主要原因是原木进口下降。

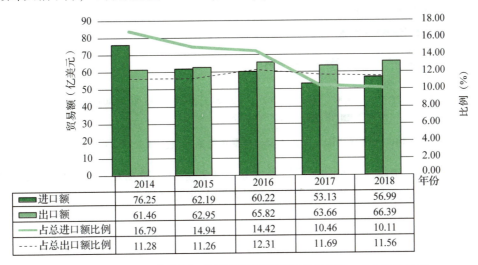

	2014	2015	2016	2017	2018
进口额	76.25	62.19	60.22	53.13	56.99
出口额	61.46	62.95	65.82	63.66	66.39
占总进口额比例	16.79	14.94	14.42	10.46	10.11
占总出口额比例	11.28	11.26	12.31	11.69	11.56

图 3-9　2014—2018 年中国—东盟林产品贸易额(数据来源：UN COMTRADE)

从贸易产品看，纸与纸板是中国—东盟贸易额最高的产品，而原木进出口贸易额最小。具体而言，中国主要从东盟进口原木、锯材和纸浆等初级产品。东盟向中国出口的原木量占原木总出口量的 10%，占中国原木总进口量的 0.2%。其中，马来西亚是东盟最主要的原木供应国。由于东盟国家纷纷出台原木出口禁令且实施日益严格，中国大幅减少东盟原木的进口，进口量和进口额分别下降了 89% 和 87%。与此同时，中国进口东盟锯材量上升较快。自 2014 年以来，中国进口东盟锯材量占东盟总锯材出口量的 60%左右，占中国锯材总进口量的 15%左右。泰国是东盟最大的锯材供应国，以橡胶木锯材为主，主要出口到中国。中国还从东盟进口大量纸浆，占东盟纸浆出口总额的 68%。然而，虽然中国纸浆进口逐年增加，但从东盟进口却大幅下降，特别是 2017 年，同比下降 88%。印度尼西亚是东盟最大的纸浆供应国，2018 年向中国出口了价值 18.9 亿美元的纸浆，占印度尼西亚纸浆总出口额的 71%。

在出口方面，中国主要向东盟出口人造板、纸与纸板和家具等木质林产品。2018 年，中国向东盟出口的人造板总量和总额分别为 47.35 万 t 和 11.12 亿美元，占东盟人造板进口总量的 11.87%和 11.40%。其中，胶合板出口量最大。马来西亚、缅甸和菲律宾是东盟三个最主要的人造板进口国。中国—东盟纸与纸板进出口贸易趋于增长，印度尼西亚是东盟最大纸与纸板供应商，2018 年印度尼西亚向中国出口价值达 6.07 亿美元的纸与纸板，占中国从东盟进口总额的 56%。而马来西亚和泰国是进口中国纸与纸产品的主要东盟国家，分别占中国出口东盟纸与纸产品总额的 29%和 22%。中国对东盟家具出口减弱，但进口快速增长。中国从东盟进口的家具总额占总家具进口额的 26%，而出口东盟的家具总额只占家具总出口额的 5%（图 3-10）。

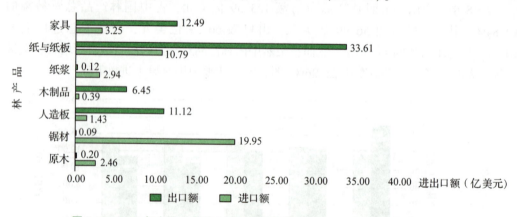

图 3-10　2018 年中国—东盟主要林产品贸易情况（数据来源：UN COMTRADE）

可以看到，中国—东盟林产品贸易关系越来越紧密，特别是在欧美市场限制中国林产品出口的情况下，东盟将是我国林产品出口的主要区域市场。

第4章

中国—东盟森林治理合作现状

东盟作为我国"一带一路"倡议的重要合作伙伴，与中国在政策沟通、设施联通、贸易畅通、资金融通、民心相通五个方面的合作取得了重要成果，2020年东盟已取代欧洲成为我国最大的贸易合作伙伴。在林业国际合作方面，中国对外林业合作项目超过40%涉及东盟地区，且柬埔寨、泰国、老挝、缅甸、马来西亚、越南、印度尼西亚是我国对外合作项目最多的7个国家（国家林业和草原局国合司，2020）。目前，中国—东盟在林业援外培训、森林恢复和监测、林业科技和林业投资贸易等方面的合作取得了长足的进展，但也面临着一些问题。本节将重点分析中国—东盟林业合作领域及其面临的挑战，思考如何构建中国—东盟森林治理和合法木材贸易合作机制。

4.1 合作现状

4.1.1 合作机制与布局已初步部署完毕

2007年10月30~31日，首届中国—东盟林业论坛在第四届东盟博览会召开。2016年，中国—东盟林业合作论坛在广西南宁举办，并达成《中国—东盟林业合作南宁倡议》，以"维护森林生态安全，提高国民绿色福祉"为主题，达成了以下共识：①一致认为林业在促进中国与东盟各国和区域经济社会可持续发展、维护生态安全和提高人民绿色福祉中具有不可替代的作用；②认识到为有效把握林业发展和合作的新机遇，中国—东盟应致力于构建更加全面的林业合作伙伴关系；③决定在促进发挥林业减缓和适应气候变化、林业产业和相关贸易、林业科研合作与交流、野生动植物保护、林业灾害联防5个方面推进合作；④完善中国与东盟各国的林业合作机制。该共识的达成，使中国与东盟的林业合作迈入了新阶段。中国和东盟围绕中国—东盟自贸区建设构建了更加全面、更加紧密的林业合作伙伴关系。

与此同时，在中国—东盟政府间协定中，也将林业列入了合作清单。2018年1月，中国与柬埔寨、老挝、越南、泰国、缅甸签订的《澜沧江—湄公河合作五年行动计划（2018—2022）》，提出林业合作将注重以下方面：①加强森林资源保护和利用，推动澜沧江—湄公河流域森林生态系统综合治理；②提升利用合法原材料加工的林产品贸易额，推进社区小型林业企业发展；③加强林业执法与治理，合作打击非法砍伐和相关贸易，促进林业科技合作与交流，加强湄公河沿岸森林恢复和植树造林工作；④加强边境地区防控森林火灾合作；⑤加强野生动植物保护合作，共同打击野生动植物非法交易；⑥加强澜沧江—湄公河国家林业管理和科研能力建设，推动林业高等教育和人力资源合作交流，开展主题培训、奖学金项目和访问学者项目。该计划进一步明确了林草国际合作的方向。

为了落实相关措施，2016年依托中国林业科学研究院热带林业研究所和广西林业科学研究院组建了国家林业和草原局东盟林业合作研究中心，目标是搭建中国与东盟国家林业科技交流合作平台，与东盟国家建立长期稳定的林业交流合作，促进多边林业发展与产业升级。2018年3月26日，在北京举行的亚太森林组织（APFNet）成立十周年纪念大会开幕式上，正式启动了"中国—东盟林业科技合作机制"，旨在为中国和东盟各国林业研究所建立一个信息交换、资源共享的平台，并通过实施具体项目，提高区域林业研究人员特别是青年研究人员的科研能力。2018年8月在缅甸内比都举行的第21届东盟林业高官会上，通过了《落实中国—东盟林业合作南宁倡议的行动计划（2018—2020）》（中国—东盟博览会，2018）。

通过近年来的努力，中国从民间到政府、从展会合作到政策合作，围绕"一带一路"倡议及"走出去"战略，以合作行动计划为基础，以东盟林业合作研究中心为手段，以合作机制建设为方向，初步完成了对东盟林业合作的机制构建和布局安排。

4.1.2 林业援外培训等能力建设项目取得成效

为加强对东盟的援外培训，中国相关部门利用多种途径支持开展援外培训项目，并且随着支持力度加大，援外培训项目在课程设置、培训管理和师资队伍、授课质量、外业考察安排等方面均有了很大提升。东盟是中国重要的林草援外培训目标地区，印度尼西亚、泰国、老挝、柬埔寨等国近年来加大派员到中国学习培训的力度。

林草援外培训渠道包括：

（1）商务部支持的林业援外培训项目。自1993年起，我国林业部门开始参与国家援外培训项目，林草援外培训经过20多年的发展已渐成规模。截至2019年年底，共成功组织实施了245期林草援外人力资源开发项目，培训学员7000余人次，培训学员来源国别达128个。其中，东盟是主要派员地区，多年来一直派员参加森林执法与施政、森林可持续经营、林业合作、木材加工贸易、竹藤种植加工、野生动物保护等培训项目。2005年以来，东盟各国共派出841名学员到中国参加各类培训项目，其中竹藤加工和竹产业发展、森林（竹）可持续经营、野生动植物保护这3个领域的相关培训项目最受欢迎，参训人员数量占东盟总参训人员数的62%（图4-1）。

（2）APFNet针对东盟国家开展的培训项目。APFNet自2008年以来以"森林资源管理"和"林业与乡村发展"为主题，每年为亚太地区成员经济体举办两期林业主题培训班，涵盖林权改革、可持续森林资源管理、混农林业、应对气候变化等热点领域，并于2012年正式成立昆明培训中心。截至2019年年底，已成功举办21期主题培训，320人次参加了培训，包括文莱、柬埔寨、老挝、马来西亚、泰国、缅甸、菲律宾、越南等东盟国家的林业部门官员、技术人员、基层干部等。

第4章 中国—东盟森林治理合作现状

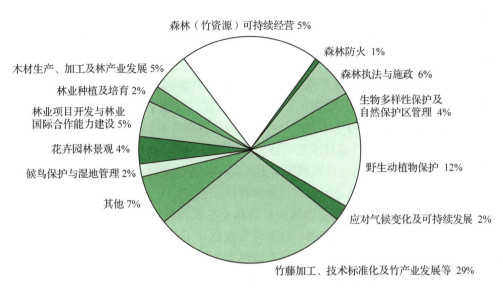

图4-1 2005—2020年东盟国家学员参加的培训项目主题

（3）利用其他资金支持开展能力建设活动。国家林业和草原局管理干部学院利用澜沧江—湄公河合作专项基金资金，为泰国、老挝、柬埔寨、越南和缅甸等澜沧江—湄公河流域国家提供了社区林业减贫培训，以促进澜沧江—湄公河国家社区林业与减贫领域能力建设（国家林业和草原局，2018）。

中国以东盟各国林业实际情况和发展需求为林业援外培训项目设计的根本出发点，以总体和实际需求、直接和个人需求为项目设计参考，进一步提高林业援外培训的针对性和有效性，为林业"一带一路"倡议在东盟的推进和发展奠定了较好的基础。目前，中国—东盟林草援外培训正向着多领域、全方位、深层次方向发展，内容丰富，受众广泛，且广受好评，取得了预期的效果。

4.1.3 林草实地项目落地经验较为成熟

近年来，依托国家林业和草原局东盟林业合作研究中心、广西林业科学研究院、中国林业科学研究院热带林业研究所等机构与泰国、越南、马来西亚等东盟国家在油茶、桉树、珍贵树种、退化森林恢复、林木组培技术等方面实施实地项目。

（1）与越南合作实施森林培育和非木质林产品生产项目。桉树组培快繁技术转让已成为广西面对东盟国家的首个成果转化产品；与越南科技部、农业与农村发展部及越南林业大学开展南亚松、八角、金花茶等物种交流与合作；与越南林业大学签订项目合作协议，召开油茶栽培繁育技术研讨会；西北农林大学与越南相关机构合作在越南建设林业实验室及漆树实验中心。

（2）与马来西亚合作执行经济林项目。2005—2009年期间在国际热带木材组织（IT-TO）项目"通过社区促进中国广西热带地区非木材林产品的可持续发展"的支持下，帮助东南亚地区发展热带林区经济，以实现热带林业可持续发展；2017年始实施中马桉树种植示范项目，由广西企业向马来西亚提供30万株桉树无性苗，并在马来西亚开展种植示范。

（3）与泰国合作实施油茶繁育等项目。2005—2011年与泰国猜帕塔纳皇家基金会联合实施"泰国北部山地油茶繁育与替代种植试验与示范"项目，在泰北边境推广种植油茶替代罂粟，帮助当地山民转产脱贫。2018年通过中泰"澜沧江-湄公河地区油茶良种选育研究"项目，培训泰国、越南相关人员404人次，发放手册300余份。泰国清迈大学森林恢复研究中心积极与中国西南林业大学合作开展森林病虫害及林火防治研究。

（4）与柬埔寨合作执行森林恢复项目。2018年执行了APFNet"澜沧江湄公河森林恢复"项目，在柬埔寨帮助当地社区利用本土珍贵树种进行造林和森林恢复，指导当地社区应对非法采伐所带来的破坏，提升当地森林保护意识。

通过这些实地项目，加速了中国—东盟林业专家和从业人员的合作与交流，积累了丰富的合作经验。同时，各部委、各省区市也启动了相关资助计划，促进科技合作、技术引进。依托这些实地项目的实施，东盟林业合作中心总结出以森林良种"引进来"、治理经验"走出去"的形式开拓合作路径的重要经验，并以品种转移实验与示范、技术转移为基础，进一步思考建立长效机制落地，带动优势木材的产业发展，促进森林治理和恢复合作，提高东盟国家热带材可持续采伐与利用，保护和恢复当地森林资源，取得了良好的经济社会效益。

4.1.4　林业科研及从业人员交流频繁

通过"一带一路"倡议，中国为东盟国家提供了交流平台，鼓励东盟国家派员到中国参加交流、学习和工作，为中国—东盟林业从业人员提供了交流机会。

中国—东盟林业交流合作以研讨会和培训会为主。我国不少林业科研人员在相关科研经费的支持下，与东盟相关科研机构建立了交流合作，互访频繁。例如，广西林业科学研究院多次面向东盟国家举办国际学术报告及培训班，并且赴外学习交流频繁。西南林业大学与泰国清迈大学森林恢复研究中心针对森林病虫害、林火防治经验及热带林恢复开展了广泛交流。

同时，在访问机制和资金支持方面，各地也有不少创新举措。云南林业和草原局启动了"中国—东盟林业科技合作机制访问学者项目""中国—东盟林业科技合作机制青年学者论坛""中国—东盟林业科技合作机制国际会议参会资助项目"，广西科技厅启动了"东盟杰出青年科学家来华入桂工作计划"，为东盟林业科学家和青年学者到华访问学习提供了渠道和资金，为进一步加强林草国际合作，特别是科技合作创造了有利条件。

在加大互访交流的同时，各林业高等院校还为东盟国家提供了本科和研究生学历教育项目。北京林业大学、南京林业大学、西北农林科技大学及内蒙古农业大学四所林业院校在APFNet奖学金项目的支持下，面向东盟国家招收有潜质的青年林业官员、研究人员和学者，提供2年硕士学历教育，培养能够把握森林恢复和森林可持续管理现状和发展趋势的外向型人才。同时，国家、省级政府和大学也提供了来华留学项目，如CSC中国政府奖学金等。

随着中国—东盟林业从业人员交流频繁以及中国对外吸引力增强，不少东盟林业科研人员申请到中国攻读博士后，或作为高级专家参加相关科研项目，在中国长期工作学习。例如，广西林业科学研究院利用广西科技厅项目，引入越南林业大学博士作为高级研究专家，在广西林业科学研究院工作2年，促进中国—越南森林经营领域教学相长，互通有无。

4.1.5 林产品投资贸易合作发展迅速

中国与东盟国家在林业发展方面互补性强，合作潜力巨大（张雷，2015）。特别是2010年中国—东盟自由贸易区正式全面启动后，双边林产品贸易呈迅猛增长态势，而"一带一路"倡议更是将中国—东盟林业贸易推向一个新高度，面向东盟的林业投资增长快速。

在机制方面，自2010年起开设中国—东盟博览会林产品及木制品展。在会展期间，不仅举办了针对性强的贸易投资促进活动，还举办中国—东盟林产品贸易系列专业论坛。通过高层论坛和务实的产业对接促进活动凝聚共识，启动更多交流合作项目，同时为企业提供最新行业发展方向和商机。来自越南、老挝、缅甸、印度尼西亚等东盟林业资源丰富国家的企业踊跃报名参展。这种会展机制有力地促进了双方林业贸易合作。

在林产品贸易和投资方面，中国—东盟自2008年以来林产品贸易关系日益紧密。中国与东盟林产品生产贸易结构具有极强的互补性，双边贸易增长快速。同时，随着"一带一路"倡议深入开展，加之人力资源成本快速上涨、环保督查趋严、中美贸易摩擦等国内外各类因素叠加，对东盟的林业投资快速增长。越南、老挝、柬埔寨、印度尼西亚、马来西亚等东盟国家因其地理位置、对欧美出口无需面临过多的贸易和技术壁垒、人工便宜等，成为众多中国木业企业的投资洼地。林业投资主要集中在两个方面：一是森林经营投资。一些广西企业在缅甸、马来西亚、柬埔寨投资人工林建设，种植大面积的桉树人工林，并依托人工林基地，逐渐建立了加工企业，将广西的桉树产业发展模式带到了东盟国家，促进当地人工林建设和利用。二是直接投资木业加工厂，主要是山东、浙江、江苏等地的企业到柬埔寨、印度尼西亚、老挝等国家投资建设地板、家具、人造板等工厂，利用当地资源，以欧美国家为目标市场开展加工贸易。

随着东盟经济的发展，东盟不但是中国林业投资贸易转移的承接地区，还将是中国林产品越来越重要的市场。同时，中国—东盟日益紧密的林业投资贸易将进一步促进双方加大林业合作力度，特别是在森林治理和合法木材贸易合作需求将更为强烈。私营部门也将成为双边加强森林治理和合法木材贸易最重要的利益方和行动方。

4.2 面临的挑战与问题

4.2.1 中国—东盟林业合作缺乏顶层规划和战略指导

中国—东盟在环境与发展领域面临着诸多共同挑战，例如天然林破坏与退化、林业产业同质化、森林资源保护和利用不平衡、森林生态系统服务功能未得到充分重视等，因此双方林业合作需求强烈，且已开展了相关合作。

《中国—东盟林业合作南宁倡议》及其行动计划明确 5 个方面的林业合作，但是对如何开展合作，如何实现合作目标仍然缺乏合理规划。由于未能针对双方诉求、平台设计、机制建设、目标确定、战略方法等方面开展广泛深入研究，中国—东盟林业合作相关规划和战略未能形成有机整体，且未能突出重点，反而是处处用力，导致行动规划、资金支持、人力资源等力量不能协调统一，造成合作资源的浪费，影响合作活动的执行效果和影响力。

特别在森林治理和合法木材贸易方面，目前林业合作倡议和行动计划均有提及，但未能清晰地界定森林治理和合法木材贸易战略合作目标，同时在合作途径、机制与方法等方面缺乏一个清楚、明晰的认识。此外，对合作目标的思考没有上升到一个战略层面，未形成一个整体、全面、系统的战略目标，而只是从战术上制定目标，导致不能从战略上整体把握中国—东盟林业合作的方向和最终目标。具体而言，一是中国对东盟各国林业发展战略缺少精准把握，尚未根据东盟各个成员国的发展特点制定较为有针对性的、操作性较强的合作规划与战略指导；二是中国与东盟各国在合作战略的顶层设计上缺乏有效互动，无法进一步达成理解及合作规划。

在这种情况下，中国和东盟不能将相关合作活动统一在协调共进的合作框架下，也不能将相关资金集中投入，导致各林业相关领域的合作活动分划在不同框架内，无法形成有机整体，同时也导致各类相似项目反复申报，低水平重复，使林业合作效果和影响力大打折扣。

4.2.2 合作机制松散且不具有约束力

中国—东盟经济贸易合作以来一直在不断探索，一系列双边合作机制得以建立，例如中国—东盟农业和林业部长会议机制、"澜沧江-湄公河合作机制"、"大湄公河次区域经济合作机制"、中国—东盟博览会等，但对林业的着力不够。为此，国家林业和草原局一直努力探索建立林业合作双边机制，并在中国—东盟总体合作机制下，通过不同渠道，利用不同资金支持，建立了不同的林业合作机制(表4-1)。

表4-1 中国—东盟林业合作机制及方向

合作机制	合作方向
中国—东盟林业合作论坛	讨论中国—东盟林业投资与林产品贸易合作、非木质林产品利用与发展及林业科技合作
中国—东盟博览会林产品及木制品展	开展专题展示合作，举办高层及企业对接会议，促进林产品和木制品的投资贸易
中国—东盟林业合作南宁倡议	发挥森林减缓和适应气候变化的协同效应；深化林业产业合作，促进开展木材合法性互认；加强林业科技合作与交流；加强林业灾害联防合作；加强野生动植物保护合作

然而这些机制都是以研讨、会展、倡议的形式出现，是建立在不具法律约束力的非正式协议中，缺乏实质性的具有约束性的规章制度，并未针对林业交流、林业合作项目、林业投资贸易合作、森林执法和森林治理形成制度化、程序化、有针对性、有建设性和有指导性的且具有一定约束力的合作机制。在这种情况下，如果没有强烈的外部刺激，各国将没有兴趣真正投入各类资源，认真开展林业合作。即使开展合作，由于没有制度性保障，中国—东盟各林业机构在合作对接中不能得到系统性政策支持和保护，因此承接、执行和参与林业合作项目的积极性和主动性并不高。

目前，最为缺乏的是稳定高效的双多边林业专业委员会运作机制。切实高效的合作形式不应仅停留在合作伙伴关系建设，更应建立较为紧密的纽带，使合作关系深入发展。目前中国—东盟内部缺乏这样的林业专业委员会机制作为"纽带"，承担智囊与运筹的功能。委员会机制至关重要，不但可以组织更多元化的活动，促进各方加深理解、达成共识，还可以发挥桥梁作用吸收各方建议，进一步整合利益相关方意见，根据合作意向制定顶层策略。

4.2.3 合作呈现"小、散、重复"等特点

由于当前林业合作缺乏战略指导、战略目标及合作机制，林业合作面临一系列问题，包括合作内容全面开花，重点不突出；资金来源分散且资助力度偏小，不能开展有较大影响的合作项目；合作项目延续性较差，不能维持一定的后续活动。这导致中国—东盟能力建设、科技和产业合作项目均呈现出"小、散、重复"等特点。

在森林治理培训中，由于各个培训机构之间没能形成充分的沟通，在课程开设、学员来源、教学内容方面存在着重复现象，有些课程所授内容甚至有相左的地方。在科研合作项目方面，多数项目规模小、项目期限短，没有对项目长期目标进行思考与设计。同时，限于经费和出国限制，项目人员无法正常在东盟国家开展实地项目，管理当地项目的执行进度，对当地情况了解甚少，使得当地社区对中国支持开展的项目缺乏认同感。

在产业合作方面，因为没有总体的引导，中国企业在东盟国家扎堆投资，甚至形成中国企业在当地开展恶性竞争事件。除此之外，由于合作项目偏小、同质性高等问题，中国—东盟产业合作一直未能形成全产业链合作，覆盖种植培育、采伐到加工生产、销售各个方面，同时也未能将森林旅游、森林管理等领域与产业链开发整合起来，无法开展集群式产业合作，无法实现合作效果最大化。

4.2.4 林业合作人才匮乏

林业合作实质上是人的合作，是人才的共享和共用。中国—东盟林业合作，不但需要林业技术专才，还需要具有政治学、经济学、社会学等相关学科知识背景的人才。因此，要推动中国—东盟林业合作，需要建立一支新型人才队伍。

然而，人才是制约中国—东盟林业合作的一大因素。一是缺乏既懂外语又具有专业能力的人才。大部分东盟国家的母语并非英语，中国—东盟能用英语开展林业科技

及实地合作的人才储备不多，而既掌握东盟国家母语又有一定专业素养的林业合作人员更是稀缺。这制约了中国—东盟有效开展林业国际合作，特别是无法与当地林农、技术人员开展交流，导致合作不能顺利开展。二是缺乏专职从事中国—东盟林业国际合作的人员。由于资金和编制的限制，从事中国—东盟林业国际合作的管理及技术人员都不是专职人员。他们不但承担了国际合作事务，还承担着其他工作，往往不能将全部时间和精力投入合作项目中，制约了中国—东盟林业国际合作的长远设计和规划。三是缺乏愿意长驻东盟的林业合作人才。由于出国政策的限制以及出国派驻政策不具吸引力，许多技术人员不愿长期驻守设在东盟的项目基地，导致中国—东盟实地项目执行困难。

4.2.5 东盟国家对中国—东盟林业国际合作积极性不高

相比其他合作领域，林业并不是中国—东盟合作的重点，东盟对与华开展林业合作的关注度和重视程度不够。同时，东盟林业合作具有较强的资金依赖性，而当前中国—东盟林业合作存在着沟通交流不通畅、资金支持不足、项目规划小、合作影响力小等问题，导致东盟虽然对中国—东盟林业国际合作有强烈需求，但合作的积极性实际上并不高，东盟秘书处对于中国—东盟林业合作相关活动反应速度慢、态度冷淡，使得中方陷入单方面努力推动合作的局面。

在产业合作方面，东盟国家由于自身政治、经济和社会原因，其政府治理水平普遍不高，政策透明度不高，投资环境和运商环境在全球处于中下水平。对于林业投资而言，由于东盟国家在森林采伐权等方面的政策不够透明，缺乏外商投资保障机制，并且在森林资源保护政策的驱动下，对海外投资者投资森林经营作出了诸多限制。因此，投资东盟国家的中国企业经常暴露于政策风险之下。

东盟国家政策具有不稳定性，一些国家政局更迭对政策的延续性和有效性影响极大。特别是在大选时，会因为国内的政治斗争，针对外国人会制定一些限制性政策，且政策的修订较为频繁，使得境外投资企业对扩大生产和制定长期经营计划心存担忧，不利于长期经贸合作关系的健康发展。

4.3 加强中国—东盟林业合作路径建议

4.3.1 加强顶层设计，明确总体目标、战略方向和行动计划

"一带一路"倡议已将林业国际合作提升到了生态环境外交的高度。目前东盟各国将加强森林治理和合法木材贸易作为一个纲领性任务，视其为开展森林可持续经营的一个有效手段和基础。中国也通过修订《中华人民共和国森林法》，提升了森林治理和合法木材贸易的法律要求。双方已拥有开展加强森林治理和合法木材贸易合作的坚实基础。因此，双方应加强行动，推动中国—东盟林业国际合作顶层设计，从森林治理和合法木材贸易出发，以促进区域森林可持续经营为总体目标，制定战略方向和行动计划。

为此，应将林业纳入更高层次的政府间对话中。利用中国—东盟农业和林业部长级会议，将森林治理和合法木材贸易列入合作优先事项，与东盟秘书处和东盟各国开展多种形式的政府间对话，选择森林治理和合法木材贸易基础较好、合作意愿浓厚的国家，开展合法木材贸易和森林治理合作试点，基于试点结果，探索推动区域内森林执法、治理和贸易合作的模式和机制。

同时，在摸清我国和东盟国家的合作诉求、明确合作目标和方向的基础上，制定中国—东盟森林治理和合法木材贸易合作总体规划，打破以外援项目为主、小而零散的合作模式和格局。在一个统一的战略规划框架下，合理布局，统筹各项资源，打造有较大社会影响力的大型森林治理和合法木材贸易合作项目，围绕战略合作目标，从政策对话、技术合作、能力建设、专家支持等方面协调推进合作活动，全面提升合作成效和影响力。

4.3.2 探索建立中国—东盟森林治理和合法木材贸易合作长效机制

鉴于东盟部分国家对与中国合作提高森林治理和合法木材贸易有着较为强烈的需求，应基于此与东盟国家探索建立完善长效合作机制，取得突破性成效。

首先，应围绕绿色"一带一路"建设，统筹发挥《南宁倡议》秘书处的协调作用，加强与东盟FLEG工作组和森林可持续经营工作组的联系，派专家参加东盟FLEG工作组和森林可持续经营工作组会议，分享中国森林治理和合法木材贸易的政策、措施和执法进展，加强中国—东盟相关人员的交流。

其次，建立"10+1"森林治理和合法木材贸易联络机制，确定联络员制度，设立专项资金。在机制运行方面，每年召开一次中国—东盟"10+1"森林治理和木材合法性研讨会，邀请中国—东盟木材合法性和森林执法相关人员参加，分享双边森林治理和木材合法性工作进展，讨论中国—东盟森林治理和合法木材贸易的合作领域和合作方法，报经东盟林业高管会议及《南宁倡议》秘书处同意后，共同开展合作项目。

最后，建立中国—东盟森林治理和合法木材贸易合作项目协调机制。利用目前多种中国—东盟合作机制，包括中国—东盟经贸合作机制、澜沧江—湄公河合作机制等，扩大跨领域合作渠道和资金，将森林治理和合法木材贸易合作与生态环境保护、毁林、森林退化恢复等议题结合起来，贡献绿色"一带一路"倡议在东盟的实施，推动区域森林治理体系变革。

4.3.3 统筹多渠道资金推动森林治理和合法木材贸易合作

资金是林业国际合作中的决定性因素，应针对森林治理和合法木材贸易合作，统筹利用多种渠道资金，保证林业合作活动的顺利开展。

建立完善资金保障机制。鉴于东盟各国经济发展水平，中国—东盟森林治理和木材合法性合作需要中国提供大部分资金。因此，要打破目前资金分散、资金资助额偏低的现状，建立中国—东盟森林治理和合法木材贸易合作基金，每年为中国—东盟合作机制提供固定的经费，保证相关合作机制的正常运行。同时，面向私营部门、科研机构提供项目支持，多方位地支持多群体参与中国—东盟森林治理和合法木材贸易合作。

争取各方资金，为中国—东盟森林治理和合法木材贸易合作基金提供资金来源。应根据中国和东盟各国林业GDP贡献率、人口、森林面积等确定出资比例，但中国每年捐献的资金不应少于年总捐助资金的一半。利用中国—东盟合作基金、中国—东盟投资合作基金、东盟与中日韩合作基金、丝路基金以及亚洲基础设施投资银行、亚洲开发银行、世界银行等金融机构的资金，扩大基金资金的来源，同时积极利用私募基金、私营部门资金等资金来源，为合作项目提供资金。

4.3.4 通过中国—东盟林业产业合作促进森林治理和合法木材贸易

林业产业合作是中国—东盟最主要、最重要的合作领域和形式，同时林业企业在对外投资时作为重要的森林利用部门能够遵守当地法律法规开展森林可持续经营、管控木材原料来源及其供应链，具有重要意义。

应建立东盟国家现代化林业示范基地，开展速生和珍贵树种人工林的培育和经营，同时在人工林培育期间，利用森林资源开展多种经营，将农业和林业开发生产紧密结合起来，包括非木质林产品生产与利用、农业产品生产加工、经济林果种植与销售等，并且将森林培育经营与生计提升紧密结合起来，使东盟国家当地社区真正体会到森林资源可持续经营带来的生计、经济、社会和文化效益。同时，建立林业或农林产业园区，充分发挥园区示范作用，打造创新合作模式，在保证木材来源合法性、合规性的同时，贡献当地森林可持续经营和全球发展目标的实现。宣传推广我国森林治理取得的成功政策和实践经验，扩大我国林业对外合作的影响力。

加强中国—东盟合法木材生产和贸易的能力建设。为中国投资东盟林业的企业提供合法木材生产贸易培训，提高合法木材生产与贸易的意识和能力。提供政策和合法产品服务，组织力量开展东盟林业政策国别追踪研究，帮助企业了解投资贸易国的法律法规和执法情况，及时了解当地政策变化，全面掌握当地木材生产贸易的要求，更有效地开展木材合法性管理工作。为相关企业提供木材合法性验证的支持，帮助他们通过森林认证、建立并实施木材合法性尽职调查体系、提升内部质量管理体系等，使其能应对东盟国家对进口木材及其产品的合法性要求。对各类木材合法性市场机制进行整理分类，汇总合法产品信息，帮助企业及时在市场上采购到有合法来源的原料或半成品，节省企业寻找合法原料的时间及相应成本支出。

4.3.5 推动人才交流和科研合作以加强森林治理和合法木材贸易

在林业产业合作中推动科技合作，促进科技管理人员、林业学术机构、林业行业协会针对森林治理和合法木材贸易开展广泛的交流学习，共同找出存在的问题及其解决方案。促进中国—东盟木材合法性标准的对接，推动共同制定中国—东盟木材合法性标准，为开展中国—东盟木材合法性互认奠定基础，促进中国—东盟林产品贸易便利化，使区域林产品贸易更具全球竞争力。

鼓励中国企业在东盟建立森林治理和合法木材贸易科研基地。在东盟森林资源丰富、自然条件优越、森林治理要求高的东盟国家建立生产贸易科研示范基地，实现林木采伐与维护一体化，促进森林可持续经营利用，开展合法木材贸易创新活动。通过这种方式，既能促进投资目的国的林业经济发展，又能塑造我国负责任大国的良好形象。

培养复合型国际合作人才和专家队伍，加强基础研究支撑。通过输送林业专业人员到相关东盟国家开展林业合作活动、提供学历教育等方式，培养一批既有专业素养又有语言专长的具有国际视野的林业专家队伍。面对中国—东盟森林治理和合法木材贸易合作，要建立具有国际政治学、林业政策学、林业社会经济学、外交等学科知识的专家团队，加强基础性研究，做好对外谈判支持工作。建立完善区域林业人才信息库，推动青年人才的交流合作，为中国—东盟森林治理和合法木材贸易合作提供可靠的智力支持和人力支持。

第 5 章

新时代中国—东盟森林治理合作机制构建

中国—东盟开展林业合作是双方林业合作共赢、共同发展的需要；是打击非法采伐、加强森林治理、树立我国负责任林业大国的需要；也是实施林业"走出去"战略以及贯彻落实"一带一路"倡议的重要组成部分，是拓展林业发展空间的必然选择。中国—东盟林业合作战略应立足于国际社会和中国—东盟双方的关切点，利用目前双方合作出现的有利条件，并重视在此过程中面临的主要挑战。

5.1 指导思想

遵循自然与社会经济规律，发挥东盟国家在"一带一路"建设上的重要伙伴地位，着眼于森林资源可持续发展，从中国—东盟双方林情国情出发，寻求明确共同关切的林业合作领域；顺应世界生态治理与产业合作趋势，建立健全双方林业政策与信息共享机制和林业合作战略机制，积极开展森林资源保护利用、生态保护与治理及产业发展合作，共同应对全球气候变化；协调推进和分阶段实施一批林业合作示范项目，建立内外兼顾的稳定、多元、持续、安全的森林资源保障体系和经济发展促进机制，积极促进区域可持续发展。

5.2 基本原则

中国—东盟林业国际合作应坚持以下几个基本原则：

5.2.1 开放包容，相互平衡

发挥东盟国家在我国"走出去"战略和"一带一路"布局中的战略地位，秉承开放精神，坚持正确义利观和大局观，照顾双方利益均衡，扩大利益汇合点，共同参与、共同建设、共同发展互惠共赢与和平合作之路。

5.2.2 优势互补，合作共赢

建立科学高效的合作机制，加强中国与东盟各国政府间对话合作，依据双方林业优势和关注点，推动开展森林资源开发利用、生态环境保护机制、气候变化与适应等的双边合作，共同提高在国际相关事务上的话语权，努力实现合作共赢。

5.2.3 资源共享，产业升级

结合转变经济发展方式、产业结构调整战略的需要，统筹利用两个市场、两种资源，着力深化中国—东盟林业投资合作的广度和深度，建立低碳、高附加值的新型合作市场；有序转移优势富余产能和成熟技术。鼓励企业通过新建、并购、战略联盟等多种形式，建立生产基地、营销和研发中心。

5.2.4 保护生态，应对挑战

遵循自然和社会经济规律，顺应世界生态治理趋势，寻求双方在林业合作理念上的共识，既要树立加强生态环境保护、促进可持续发展的共识，也要尊重各自选择发展道路的权利。从我国林业发展的实际出发，充分考虑东盟在生态环境保护方面的实际需求与重点关切，合理确定合作方向和目标。

5.3 战略目标

开展中国—东盟林业发展合作，主要的战略目标包括：

（1）协调双方在国际重大林业问题的立场，提高在国际相关事务上的话语权，树立中国在国际上负责任大国的形象。

（2）支持东盟森林可持续经营战略目标和行动计划，促进双边林业合作，推动林业可持续发展，贡献于区域可持续经济发展。

（3）推动国际热带材资源的合理培育、开发和利用，在提高当地社区与居民的生计水平的同时，保障我国木材生产安全和林业企业发展需要。

为实现这一目标，具体任务如下：

（1）以丝绸之路经济带和海上丝绸之路建设为立足点，从东盟自身发展特点与林业合作需求为基础，从符合两国共同愿望和利益的角度出发，确定优先合作领域。

（2）搭建中国—东盟林业国际合作平台机制，通过举办国际研讨会、加强交流互访、鼓励伙伴关系网络等方式，为合作项目实施提供机制保障。

（3）借助多种力量，在国际组织或公约框架下与东盟开展合作，实现多方共赢，加强与东盟各国政府、协会、非政府组织等机构的合作和联系，充分发挥他们在合作中的作用。

5.4 重点合作领域

5.4.1 国际双边与多边合作

（1）加强中国和东盟各国的高层互访，建立中国—东盟高层定期对话机制，推动签署有利于林业战略合作的双边协议。

（2）进一步加强《濒危野生动植物种国际贸易公约（CITES）》《生物多样性保护公约（CBD）》《湿地公约》等履约协作，分享提高履约能力、加强执法协调和改进行政管理等方面的信息，采取共同行动，特别加强与印度尼西亚、泰国、马来西亚、新加坡等国家的合作，从而进一步促进区域内履约合作，保护生物多样性及自然资源，遏制和打击非法采伐及其相关贸易活动。

（3）以国际竹藤组织、APFNet等国际或区域组织为平台，围绕绿色增长和包容发展两个命题，促进中国和东盟在保护自然资源、应对气候变化、保护环境资源、技术援助与培训、消除贫困与生计发展等方面开展合作活动，特别是与印度尼西亚、新加坡、泰国、马来西亚、老挝等国家的合作。

（4）继续保持中国与东盟各国在亚太经合组织（APEC）打击非法采伐及相关贸易专家组平台的合作沟通，加强打击非法采伐双边合作，共同协调国际立场。

（5）开展中国—东盟在木材来源合法性认定方面的合作，特别要加强与印度尼西亚的合作，帮助企业开展合法来源木材贸易，推动区域负责任林产品贸易发展。

5.4.2　资源培育利用与产业发展合作

（1）开展植树造林合作，鼓励支持中国林业企业与马来西亚、老挝、柬埔寨等东盟国家开展速生丰产林、珍贵树种用材林等基地建设，开展森林培育技术合作与交流。

（2）开展花卉产业合作与交流，包括优良花卉科学引种、繁育与栽培推广，促进我国南部省份从印度尼西亚、泰国等东盟国家引进优良热带观赏植物品种。

（3）开展竹子栽培和加工利用方面的合作，提高竹子培育和加工利用整体水平，提高竹子利用率和产品附加值。

（4）开展木质、非木质林产品，特别是竹藤产品的利用与加工等技术培训与交流。

（5）推进林业有害生物防治领域的合作，特别是中国—印度尼西亚椰子织蛾、中国—越南咖啡锈病的防治合作。

（6）在条件成熟时，采取企业联合运作的模式，进行资源整合，在东盟投资环境较好、政治相对稳定的国家重点投资建设境外加工园区，引进国内企业入区生产经营，形成产业集群，延伸木材加工产业链条。

5.4.3　森林治理与生态环境合作

（1）推动中国—印度尼西亚木材合法性互认工作，组织专家组研究提出木材合法性互认的具体操作办法，降低贸易风险，通过木材合法性领域的合作，推动双边改善生态环境、保护物种和当地社区生计。

（2）加强林业应对气候变化方面的合作，主要包括：开展林业碳汇计量监测等能力建设方面的技术交流与合作，开展REDD+等议题对话合作，减缓因毁林和森林退化造成的碳排放。

（3）加强能力建设合作，进一步强化企业生态环境保护意识，规范企业投资合作行为，自觉履行社会责任，尊重当地习俗，树立良好企业形象。

（4）开展热带林可持续经营、森林治理合作，开展森林生态系统综合管理，提高森林经营技术和能力，增强森林碳汇和生态服务功能。

（5）开展林权制度改革经验和民生林业最佳实践方面的交流与合作。

（6）开展生物多样性保护、自然保护区和生物廊道建设方面的合作与交流。

（7）加强野生动物保护方面的合作。通过积极推动建立边境地区保护管理机构和执法部门间的协调与合作机制，争取联合实施合作监测行动，实现快速、有效的信息交流。

（8）加强中国与泰国、越南、印度尼西亚和马来西亚等东盟国家在森林文化、生态旅游方面的交流与合作。

5.5 合作形式与途径

5.5.1 政府与政府间合作

加强中国—东盟政府间磋商和协调，建立定期沟通与协调机制，共同出台融资、贸易等相关扶持政策，从而建立政策协调机制，为双边林草国际合作提供政策支撑。

5.5.2 政府与市场联合推动

中国—东盟林业战略合作的实现离不开政府的主导作用。政府的作用是组织、协调各方合作的关键因素，企业是实施主体。从长期和根本来看，还需要市场的推动和区域的运作。按照市场化原则运作的合作不仅有利于开发进程的推进，也加强了合作双方的联系，使双方协调推进林草合作更加容易。

5.5.3 技术与科技合作

加强中国—东盟林草技术合作与交流，对影响林业产业结构升级的共性技术加大合作力度，如生物质能源、造林、林业产业等新技术方面存在巨大合作空间。应从各自合作诉求出发，确定有关林业技术与科技合作的优先领域，商签技术协议，共同推进科技项目与园区的规划与建设，协作实施。

5.5.4 借助国际组织平台

利用国际或区域性组织，开展多方合作，根据这些组织平台的关键领域，利用多方资源，开展专题合作，并带动东盟各国与中国加强林草国际合作，提高在林草合作中的作用和地位，并推动区域及全球林草合作。

5.6 实施步骤

为稳步推进中国—东盟林草国际合作，确定实施步骤如下：
（1）建立切实可行的中国与东盟秘书处合作协调机制。遵循互利共赢、合作发展的原则，构建中国—东盟林草合作机制，为合作提供组织保障。

（2）确定重点合作领域、内容。根据双方合作需求与重点，共同确定林业合作的目标、方向、内容、方式、途径和机制。

（3）搭建中国—东盟林草具体的合作运作平台。包括确定双方合作的实施机构、鼓励环保科研院所之间建立伙伴关系和研究网络等方式，为合作项目的实施提供保障。

（4）分区推进，逐步实施。根据双方林草合作战略和行动规划，指定责任机构，利用合作运作平台，重点推进，分步实施，共同推动合作战略的实施，并定期进行回顾与修订。

（5）出台相关扶持政策。加强中国与东盟秘书处及东盟各国政府的磋商和协调，共同出台相关扶持政策，从而建立政策协调机制，为双方合作提供政策支撑。

中国—印度尼西亚森林治理合作案例

中篇

  印度尼西亚是"一带一路"重要沿线国家和战略节点国家。印度尼西亚的战略位置突出，处于"一带一路"海上丝绸之路建设的重要节点；是东盟最重要的国家，在本地区政治、经济、环境发展方面具有较强的影响和辐射能力，能发挥示范作用；参与"一带一路"的意愿强烈，与中国的战略契合度较高；与中国保持了良好的双边经贸关系，利益融合度高，在战略利益上与中国不存在直接的、涉及国家根本利益的冲突；森林资源丰富，森林治理能力较强，具有开展林业国际合作促进森林可持续发展的强烈需求，且在中国—东盟森林治理合作机制建设中能发挥重要引领作用。两国林业合作，将极大促进中国—东盟森林治理合作机制建设，实现区域性森林可持续发展的目标。

  为此，本章以印度尼西亚为研究对象，从森林治理合作的现实基础出发，立足于木材合法性这一双方最为重视的议题，剖析双方合作的关键诉求、主要关注点和面临的挑战与问题，借鉴印度尼西亚与其他国家及地区的合作模式与实施路径，提出中国—印度尼西亚加强森林治理合作政策框架和实施路径，切实推动双方开展森林治理合作。一方面帮助印度尼西亚实施良好的森林治理，减少非法采伐，实现森林可持续经营，减缓气候变化和碳排放，改善森林社区的生计情况。另一方面通过建立有效的、可实现的且具有实操性的合作路径，切实推动中国—印度尼西亚森林治理合作，进而贡献中国—东盟"一带一路"林业合作。

第6章

印度尼西亚森林资源与林业管理

6.1 森林及其他自然资源

根据联合国粮食及农业组织（FAO）统计，2020年印度尼西亚总森林面积为9213.32万hm^2，森林覆盖率为49.07%，森林蓄积量为127.27亿m^3，单位面积蓄积量为138.14m^3/hm^2，单位面积森林碳储量为104.3t/hm^2，单位面积森林生物量为221.92t/hm^2。

按林权划分，印度尼西亚森林分为3类：公有林、私有林以及所属权未知的森林。其中，公有林占91.2%，私有林占1.1%，所属权未知的森林占7.8%。公有林又分为生产林、限伐的生产林、防护林、保护林和转化林。生产林主要用于木材生产，约占森林总面积的22.0%；限伐的生产林主要用于木材生产和水土保持，但受采伐方式的限制，约占19.4%；防护林主要用于维护基本的环境服务和生态系统功能，特别是水土保持，主要分布在河边、陡坡、水域旁等，约占23.5%；保护林用于生物多样性和生态系统保护，包括印度尼西亚的保护区体系，约占15.3%；转换林是转变为农田和其他用途的林地，用于农业用途的林地以种植油棕榈为主，约占11.4%。

按起源划分，原始林占48.6%；天然次生林占46.5%；人工林仅占4.9%（FAO，2020）。

森林按其地理和生态特点分为7种类型：热带常绿雨林、落叶林、红树林、沼泽林、海岸林、泥炭林和次生林。印度尼西亚热带常绿雨林以东南亚有代表性的龙脑香科树种为主，其中树种分布的最多是加里曼丹岛，约有300个树种。

森林集中分布在加里曼丹、伊里安、苏门答腊、苏拉威西和爪哇五大岛屿。其中，加里曼丹森林面积最大，其次是伊里安、苏门答腊、苏拉威西和爪哇岛。森林资源以阔叶林为主，针叶林主要分布在加里曼丹岛。

从印度尼西亚总体情况看，由于非法采伐和经济发展的需要，一部分森林划为转化林，森林转化和毁林的趋势仍然存在。根据FAO的统计，近20年里，印度尼西亚的森林面积逐渐减少，已从1990年的11854.5万hm^2减少至2020年的9213.3万hm^2，1990—2000年每年森林净减少面积为172.6万hm^2，2000—2010年森林消失有所趋缓，年均每年净减少面积为16.21万hm^2，2010—2015年年平均净减少面积为92.63万hm^2，2015—2020年年平均净减少面积为57.89万hm^2。印度尼西亚的森林绝大多数为原始林和天然次生林，2020年的占比高达95.1%，但近10年来逐渐减少(FAO，2020)。

印度尼西亚生物多样性非常丰富，是世界上哺乳动物、棕榈、蝴蝶和鹦鹉数量最多的国家(世界银行，2001)。显花植物2.5万种，占世界总种类的10%。森林树种共有4000多种，其中具有商业价值的近250种，商业用材树种50多种。主要商业用材树种有桃花心木、柳桉、龙脑香、南亚松、柚木等。哺乳动物种类居世界之首，多达515种；爬行动物600种，居世界第3位；两栖类动物270种，居世界第5位。

印度尼西亚是千岛之国，属热带雨林气候，内陆水域面积达到930万hm^2，具有丰富的湿地资源，但仅有部分受到有效保护。其主要的湿地类型包括泥炭沼泽林、淡水沼泽林、红树沼泽林以及海岸林和湖泊。

6.2 林业管理体制

6.2.1 林业管理机构

印度尼西亚林业主管部门为环境与林业部，是2014年由原林业部(Ministry of Forestry，MoF)和环境国务部合并而成的。2014年，印度尼西亚政府换届后，新任总统佐科·维多多于10月26日正式公布了新一届政府内阁组成和部长名单。此次政府内阁由34个部门组成，包括4个统筹部(每个统筹部由数个部组成)，下辖30个部，环境与林业部是经济统筹部下辖的10个部委之一。

由于多次政府更迭，印度尼西亚由苏哈托时期的中央集权特点转变为中央与地方共治。现有印度尼西亚环境与林业部更多地强调与地方政府之间的协调与沟通。根据2015年1月21日发布的印度尼西亚总统令(2015年第16号)，印度尼西亚环境与林业部由部长领导，下设18个部门，包括秘书处，规划、环境战略与评估司，自然资源与生态系统保护司，流域管理与保护司，经济林管理司，污染与环境退化防治司，固废及危废管理司，气候变化司，林业与环境社会伙伴关系司，环境与林业执法司，监察司，人力资源开发与环境宣传委员会，科研与创新委员会，政府间与区域关系专员，国际贸易与工业专员，能源专员，自然资源经济专员，食品专员。

新的环境与林业部延续了部分原印度尼西亚林业部和环境部的司局设置，原林业部的大部分权责由现在的经济林业管理司、林业与环境社会伙伴关系司承担，但随着部门调整，也有部分权责被分流，如林地管理移交给国土局。从新的印度尼西亚环境与林业部机构设置可以看出，印度尼西亚林业管理的主要走向仍以森林等自然资源的保护为主。此外，从"政府间与区域关系专员"及其他相关领域专员的设置可以看出，政府结构和权责比较分散，中央和政府间、各政府部门间的工作协调与衔接通常需要花费更多的时间成本。

6.2.2 森林资源管理制度

印度尼西亚的森林绝大部分为国家所有。印度尼西亚森林资源管理的基础法律是1999年颁布的《森林法》。此后，森林法经过更新，主要是对森林采伐进行了更加严格的规定。除《森林法》外，还有许多配套的法律法规，如 2001 年通过的《森林火灾预防规定》等。

2007 年，印度尼西亚政府法规改变了森林资源管理模式，将包括社区参与等内容纳入到全国整个林业部门的管理之中，其核心是建立涵盖全国范围的森林经营单位（FMU）体系，实行以整个生态系统经营为基础包括森林规划、利用、恢复和保护的综合管理模式。

在这种森林经营单位体系下，印度尼西亚的森林将由持有特定许可证者的经营者经营。这种制度的特点：森林经营单位的人员可以更为有效地控制森林许可证的执行情况。许可证类别包括商品木材使用许可证、商业非木材使用许可证、环境服务许可证、商业林地使用许可证、木材采伐许可证、非木质林产品采集许可证等。许可证按不同层次可由市级、省级和国家级林业主管部门发放，持有人可为个人、私营企业、国有企业或协会。这种制度的另一个特点：支持当地居民和社区更密切地参与森林利用。在森林经营方面，社区可以申请村庄森林经营许可证、社区森林经营许可证以及合伙经营许可证。森林经营单位支持各个社区制定出自己的长期和年度工作计划。

另外，印度尼西亚非政府组织和民间团体十分活跃，是印度尼西亚林业资源管理的重要组成部分。非政府组织除世界自然保护联盟、世界自然基金会、野生动植物保护国际、地球之友等国际非政府组织外，印度尼西亚本土地方性质的非政府组织数量众多且非常活跃。此外，印度尼西亚还有很多与林业有关的民间团体，如印度尼西亚人造板生产者协会（APKINDO）、印度尼西亚森林采伐者协会（APHI）、印度尼西亚锯材生产者协会（ISA）等。这些民间团体也参与国家林业政策的制订和执行。

第 7 章
印度尼西亚林业产业与林产品贸易

7.1 林业产业

　　印度尼西亚的木材工业从 1980—2020 年经历了快速发展和结构性调整。20 世纪 80 年代以前，印度尼西亚是世界上最大的热带木材出口国，生产的木材主要用于出口。从 70 年代末开始，印度尼西亚政府为发展本国的木材工业，提供社会就业，开始由原木出口转向木材加工品出口，原木出口政策经历多次调整。1979 年提高了木材出口税，1985 年又颁布法令全面禁止原木出口，1989 年开始征收锯材出口税，1992 年开始征收禁止性木材出口税。1998 年印度尼西亚政府与国际货币基金组织协议解除原木出口禁令。但这个政策导致森林监管的放松，助长了原木的非法采伐和贸易，使毁林增加到每年 350 万 hm^2。2001 年印度尼西亚政府又出台多项法规，禁止原木及原料木材出口。2005 年以后所确定的五个优先政策目标包括打击非法采伐和相关贸易、振兴林业部门，特别是林业产业、保护和恢复森林资源以及促进森林周围的社区经济发展来保证稳定的森林面积等。

　　在禁止原木出口的同时，政府出台了多种优惠政策，促进国内木材加工业发展。到 80 年代中期，已由原来的原木出口国转变为热带木材加工品出口国，木材制品出口产值占国民经济的比重不断增大。而且，原木生产从主要依靠天然林逐步转向天然林与工业人工林并重。

7.2 林产品生产与加工

7.2.1 原木与制材工业

　　从表 7-1 可以看出，近 10 年印度尼西亚原木、锯材和人造板的生产量变化不大。其中，原木产量有 12.4% 的小幅增长。纸和纸板产量增加了 20.6%，木浆增加 68.5%。工业原木增加较为明显，从 2009 年的 4780.6 万 m^3 增加至 2019 年的 8334.6 万 m^3，而木质燃料则呈逐年下降的趋势，从 2009 年的 6234.1 万 m^3 下降至 2019 年的 4041.1 万 m^3。

　　20 世纪 70 年代，印度尼西亚制材工业相当薄弱。80 年代后期，随着林业发展的重点由原木出口向木材加工品出口的转移，制材工业得到迅速发展，锯材出口不断增加。为了限制锯材出口量，发展本国的木材深加工，出口高附加值的木材加工品，印度尼西亚于 1990 年提高了锯材出口税。2009 年锯材产量为 416.9 万 m^3，至 2019 年则下降为 264.0 万 m^3。

表 7-1　印度尼西亚 2009—2019 年主要木材产品产量

产品	2009 年	2011 年	2013 年	2015 年	2017 年	2019 年
原木(万 m^3)	11014.7	11799.3	12666.8	12231.7	11825.2	12375.7
其中：工业原木	4780.6	6070.5	7404.1	7404.1	7404.1	8334.6
木质燃料	6234.1	5728.8	5262.7	4827.6	4421.1	4041.1
锯材(万 m^3)	416.9	416.9	416.9	416.9	417.0	264.0
木片及木屑(万 m^3)	140.1	217.6	217.6	217.6	217.6	217.6
人造板(万 m^3)	540.7	623.8	515.8	535.4	541.7	699.3
其中：单板	68.5	81.6	76.2	76.1	77.4	135.0
刨花板	12.5	12.5	12.5	12.5	12.5	12.5
胶合板	415.0	485.0	380.0	380.0	380.0	480.0
纤维板	44.7	44.7	47.1	66.8	71.8	71.8
纸和纸板(万 t)	990.8	1003.4	1024.7	1055.5	1169.3	1195.3
木浆(万 t)	496.4	645.5	667.7	702.2	784.8	836.4

注：印度尼西亚人造板统计数据为单板、刨花板、胶合板和纤维板的合计数据。

7.2.2　人造板工业

近年来，印度尼西亚人造板产量总体变化不大，维持在 500 万~700 万 m^3。其中，2019 年的 699.3 万 m^3 为近 10 年来的最高水平。其中，胶合板工业是印度尼西亚人造板工业乃至木材加工业的重要组成部分和发展重点。自 1985 年全面禁止原木出口以来，胶合板工业不断扩大，到 1995 年，胶合板厂家已增至 130 多家，胶合板产量达到 990 万 m^3，其中出口 870 万 m^3，创汇 39 亿美元。2000 年以后受到非法采伐、税收增加和国际市场竞争的影响，产量逐年下降，2019 年印度尼西亚胶合板产量为 480.0 万 m^3。目前，印度尼西亚仍是世界上最大的热带材胶合板出口国，主要出口日本、美国、韩国和中国等国家。

与胶合板相反，近年单板产量呈连续上升趋势，2019 年为 135.0 万 m^3，较 2009 年翻了一番。2019 年纤维板产量为 71.8 万 m^3，比 2009 年增长 60.6%。

7.2.3　制浆造纸业

印度尼西亚的纸浆造纸工业始于 20 世纪 20 年代，70 年代中期呈现出快速发展的趋势。80 年代后，在大力发展木材加工业的同时，印度尼西亚看准了国际和国内纸产品市场的巨大潜力，积极发挥本国森林资源优势，发展制浆造纸工业，目的在于减少国内对进口纸产品的依赖，并逐步由进口转向出口。目前，印度尼西亚的制浆造纸业发展迅速，纸和纸板产量从 2009 年的 990.8 万 t 上升至 2019 年的 1195.3 万 t，增长 20.6%；而木浆产量增长更为迅速，从 2009 年的 496.4 万 t 上升至 2019 年的 836.4 万 t，增长 68.5%。

7.2.4 非木质林产品

印度尼西亚生物多样性丰富的热带雨林也孕育着多种多样的非木质林产品。非木材林产品最重要的作用是维持生计，使得人们在缺乏现金时满足基本的需要，而且易于进入市场（Pierce 等，2002）。印度尼西亚在国内和国际上进行贸易的非木材林产品有 90 多种，主要的非木材林产品包括竹藤、松脂、松节油、树胶、树脂、蜂蜜、水果、肉桂、西米、苍儿茶、月桂树油、鱼等。2014—2019 年，非木材林产品（包括野生动植物）及其衍生产品的总出口值达到 46.2 亿美元，其中树漆、树液和树脂占了 74%，其次是木炭，占 10%。

印度尼西亚藤资源丰富，生产成本低，工艺水平要求不高，适合家庭手工作业，尤其是藤木家具走俏国际市场。藤木家具是一种重要的产业，境内 800 多家家具厂中，有 50% 以上从事藤木家具生产。

7.3 林产品贸易

2019 年，印度尼西亚林产品进口 29.6 亿美元，出口 95.3 亿美元（表 7-2），出口额约是进口额的 3 倍多。其中，原木进口量是出口量的 22 倍，而锯材、人造板、纸和纸板的出口量大于进口量。其中，锯材出口量和进口量相差不大，人造板出口量是进口量的 10.5 倍，纸和纸板出口量是进口量的 6.3 倍，木浆出口量是进口量的 3.7 倍。印度尼西亚依靠其丰富的森林资源，已经成为木材加工品的出口国。

表 7-2　2019 年印度尼西亚林产品进出口贸易

产品	原木	锯材	人造板	纸和纸板	木浆	林产品
进口量（万 m³）	79.3	27.4	31.0	77.2	144.4	
进口额（万美元）	5486.5	13534.5	12843.9	90711.5	108381.4	295753.3
出口量（万 m³）	3.6	36.1	325.1	485.3	538.5	
出口额（万美元）	1897.5	22886.1	181294.9	313446.5	388036.2	952630.6

注：纸和纸板和木浆的生产量、进口量和出口量单位为万 t。数据来源：FAOSTAT，2020。

7.3.1 木材产品出口

印度尼西亚的木材产品的出口一直呈现上升趋势，2019 年林产品的出口值达到

95.3亿美元，其间经历了1998年亚洲金融危机和2008年全球金融危机的冲击，目前印度尼西亚木材出口仍维持正增长（年均增1.85%），但由于其他商品出口额增长更加迅速，木材产品在所有商品出口总额中所占比重由2006年的8.2%降至6.2%（图7-1）。主要出口市场是欧洲、北美和亚洲，主要出口国为加拿大、美国、德国、瑞典和中国（FAOSTAT，2020）。

印度尼西亚林产品出口种类很多，包括胶合板、纸浆以及各种纸产品、家具和手工艺品，其中胶合板、纸和纸板出口额最大。自2011年以来，印度尼西亚胶合板出口额总体呈平稳趋势，2019年出口额达27.3亿美元；纸和纸板出口量平稳上升，2019年出口额达38.8亿美元的历年峰值。印度尼西亚胶合板的主要出口市场为日本、美国、中国、韩国和沙特阿拉伯（表7-3）。

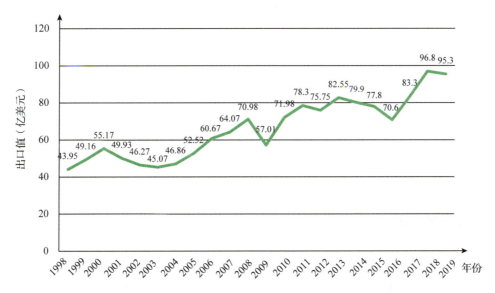

图7-1　1998—2019年印度尼西亚林产品出口值变化图（数据来源：FAOSTAT 2020)

表7-3　印度尼西亚主要木材产品出口额　　　　　　　　　　　　　　　万美元

产品	2011年	2013年	2015年	2017年	2019年
锯材	4563.7	3318.6	3518.8	4164.1	2288.6
单板	3499.3	4033.9	4737.5	7652.4	9042.7
纤维板	4438.8	4752.9	9634.7	9500.2	10562.2
胶合板	252435.7	217621.2	278001.7	224346.5	273172.1
刨花板	229.0	146.9	259.8	470.9	1694.0
纸和纸板	354414.3	343171.7	313444.9	301365.41	388036.2
木浆	157178.3	184765.1	172675.4	237611.6	313446.5

数据来源：FAOSTAT，2020。

7.3.2 木材产品进口

印度尼西亚的主要进口木材产品为木质家具和锯材。锯材进口量自2011—2019年间持续上升,只有2013年微微下滑,2019年进口总额为1.35亿美元,主要从美国进口(表7-4)。与2011年相比,2019年印度尼西亚原木、锯材、单板进口额分别增长147.0%、21.5%、32.5%,纤维板、胶合板、刨花板进口额均有不同程度下降。纸和纸板、木浆进口额相对平稳,2019年进口额分别为9.1亿美元和10.8亿美元,整体呈大幅上涨趋势(表7-4)。

表7-4 印度尼西亚主要木材产品进口额　　　　　　　　　　　万美元

产品	2011年	2013年	2015年	2017年	2019年
原木	2221.1	1813.0	3610.1	5920.3	5486.5
锯材	11141.5	10240.4	11386.6	12707.6	13534.5
单板	3354.9	3677.5	3325.5	3130.4	4446.6
纤维板	7196.4	5995.8	4541.2	4684.8	4145.9
胶合板	6691.8	5711.7	6880.7	4696.2	5027.8
刨花板	7469.2	8645.4	4898.6	4674.0	3653.1
纸和纸板	64140.7	77045.2	60322.4	80031.5	90711.5
木浆	116336.0	124141.6	94209.3	109723.7	108381.4

7.4 印度尼西亚与中国的林产品贸易

中国和印度尼西亚互为重要的林产品贸易伙伴。2017年,中国和印度尼西亚主要林产品进出口总额为25.89亿美元,同比增长22.18%,其中进口额23.96亿美元,同比增长24.02%,进口主要木质产品有木浆、纸和纸板、胶合板等;出口额1.93亿美元,同比增长3.20%,出口主要产品有木制家具、纸和纸板等(表7-5,FAO未统计家具进出口量)。

表7-5 2010—2017年我国林产品对印度尼西亚的进出口总额　　　亿美元

类别	2010年	2011年	2012年	2013年	2014年	2015年	2016年	2017年
出口额	1.06	2.28	1.87	1.96	2.44	1.50	1.87	1.93
进口额	13.21	15.31	15.10	29.86	18.36	17.73	19.32	23.96
总额	14.27	17.59	16.97	31.82	20.80	19.23	21.19	25.89

数据来源:FAOSTAT,2020。

2010—2017年,中国和印度尼西亚林产品贸易处于稳步发展期,双边林产品贸易增长较为迅速,其中进口年均增长较为明显。2010年以前由于中国处于经济高速发展时期,对印度尼西亚胶合板等产品的需求量很大。2010年以来,随着我国胶合板产量不断增大，进口量略有放窄，且由于原木成本和运输费用的提高，印度尼西亚胶合板价格大幅增长，导致我国从印度尼西亚进口胶合板数量不断减少。此外，随着加工工业和生产设备的改进，木材加工剩余物木浆、回收废料和各种非木材纤维原料日益成为重要原材料，从印度尼西亚进口的木浆及纸和纸板逐步增长。

近两年，中国和印度尼西亚林产品贸易额增长有放缓趋势，原因是近年来中国林产品进口来源国向北美洲和欧洲国家转移趋势明显，对亚洲市场的依赖逐渐减弱。但总体来看，近几年中国和印度尼西亚间贸易额整体呈现上升趋势。与此同时，印度尼西亚为了发展本国经济，更有效合理地提高本国森林资源利用率，大力发展加工业，尤其深加工产品的生产和出口贸易，中国—印度尼西亚近年来林产品贸易特点为木质林产品贸易额稳步增长，其中以木浆和纸产品增速最高。

第 8 章
印度尼西亚对外贸易与投资法律法规[①]

8.1 对外贸易的法规政策

8.1.1 印度尼西亚贸易主管机构及贸易法规体系

印度尼西亚主管贸易的政府部门是贸易部,其职能包括制定外贸政策,参与外贸法规的制定,划分进口产品管理类别,进口许可证的申请管理,指定进口商和分派配额等事务。贸易相关法律主要包括《贸易法》《海关法》《建立世界贸易组织法》《产业法》等。与贸易相关的其他法律还包括《国库法》《禁止垄断行为法》和《不正当贸易竞争法》等。

8.1.2 贸易管理规定

除少数商品受许可证、配额等限制外,大部分商品均放开经营。2007 年年底,印度尼西亚贸易部宣布了进口单一窗口制度,大大简化了管理程序。

印度尼西亚政府在实施进口管理时,主要采用配额和许可证两种形式。林产品进口只适用于许可证管理。2010 年,印度尼西亚开始实施新的进口许可制度,将现有的许可证分为两种,即一般进口许可证和制造商进口许可证。目前,印度尼西亚关税税目中近 20% 的产品涉及进口许可要求,涉及对其国内产业的保护,如大米、糖、盐、部分纺织品、服装产品、丁香、动物和动物产品以及园艺产品。2015 年 7 月,印度尼西亚贸易部颁布了 2015 年第 48 号贸易部长条例,对原进口有关条例进行修订,要求进口商在产品抵港前办理进口许可证,有关条例于 2016 年 1 月 1 日开始实施。

出口货物必须持有商业企业注册号、商业企业准字或由技术部根据有关法律签发的商业许可,以及企业注册证。出口货物分为四类:受管制的出口货物、受监视的出口货物、严禁出口的货物和免检出口货物。受管制的货物包括咖啡、藤、林产品、钻石和棒状铅。受监视的与林业有关的出口货物包括野生动植物和棕榈。严禁出口的货物包括未加工藤以及原料来自天然林未加工藤的半成品、原木、列车铁轨或木轨、锯材以及受国家保护野生动植物等。

[①] 此章摘编自商务部国际贸易经济合作研究院发布的《对外投资合作国别(地区)指南——印度尼西亚》。

8.1.3 海关管理规章制度

印度尼西亚1973年颁布《海关法》，现行的进口关税税率由印度尼西亚财政部于1988年制定。自1988年起，财政部每年以部长令的方式发布一揽子"放松工业和经济管制"计划，其中包括对进口关税税率的调整。印度尼西亚进口产品的关税分为一般关税和优惠关税两种，关税制度的执行机构是财政部下属的关税总局。为促进进出口贸易，改善投资环境，印度尼西亚财政部关税局2009年宣布，决定在部分港口推行和提供每周7日每日24小时的海关和港口服务。2010年，印度尼西亚将草药、化妆品和节能灯列为特种进口品，到目前为止，已有41种产品被列在该清单内。2013年4月，贸易组织秘书处对印度尼西亚做出第六次贸易政策审议报告，印度尼西亚的最惠国关税简单平均适用税率从9.5%降到7.8%。从2014年1月12日起印度尼西亚政府禁止矿产公司出口矿物矿石产品，届时矿产公司将会被要求在境内从事精炼加工活动。

8.2 对外投资的法规政策

8.2.1 投资主管部门

印度尼西亚主管投资的政府部门分别是投资协调委员会、财政部、能矿部。他们的职责分别是印度尼西亚投资协调委员会负责促进外商投资、管理工业及服务部门的投资活动，但不包括金融服务部门；财政部负责管理包括银行和保险部门在内的金融服务投资活动；能矿部负责批准能源项目，而与矿业有关的项目则由能矿部的下属机构负责。

8.2.2 投资行业的规定

根据2007年第25号《投资法》，国内外投资者可自由投资除已被法令所限制与禁止的绝大多数行业。依照印度尼西亚《投资法》规定，外国直接投资可以设立独资企业，但须参照《禁止类、限制类投资产业目录》（以下简称《目录》）规定，属于没有被该《目录》禁止或限制外资持股比例的行业。根据《目录》，禁止外国投资者投资天然林经营与采伐。对锯材、木浆等加工产业，有条件地限制外国投资，如要求在指定地区开厂等。该目录在2016年5月进行了调整，对外投资开放了更多行业。

外国投资者也可在规定范围内与印度尼西亚的个人、公司成立合资企业，还可通过公开市场操作，购买上市公司的股票，但受到投资法律关于对外资开放行业相关规定的限制。

之后的每年，印度尼西亚的对外投资政策都有调整：

2009年调整的对外投资政策：①2009年年初，印度尼西亚颁布了新的《矿产和煤炭法》，对煤炭行业的对外投资政策进行了调整；②2009年通过了新的《电力法》，向私营企业开放电力投资领域。放宽了医疗、教育、物流、电信等行业的外资准入。限制了外企在基建工程上的投资，限制了外国投资者拥有农用地股权。

2010年调整的外资政策：①2010年，印度尼西亚政府采购需使用国货；②出台绿色建筑法令；③强力推行投资审批一站式服务制度；④促进商业银行合理增加信贷以支持实体经济发展；⑤取消了大宗商品信用证限制。

2011年调整的外资政策：①政府表示将进一步加大政策扶持力度，吸引投资者发展经济特区基础设施建设；②出台多项税收鼓励措施；③暂停颁发矿业经营许可；④通过了新《园艺业法》。

2012年调整的外资政策：①出台了印度尼西亚的投资者可以申请免税优惠的执行准则；②出台了新的投资审批制度。

2013年调整的外资政策：①推出供工程用途的外国贷款限额；②外资企业营业执照的办理时间从现在的17天缩短为10天；③印度尼西亚央行颁布新规，要求印度尼西亚国内银行贷款总额的20%以上必须贷给中小微型企业。

2014年调整的外资政策：公布了新的投资负面清单。

2016年调整的外资政策：将之前禁止外资涉及的35个行业从投资负面清单中移除。

2017年调整的外资政策：印度尼西亚外商投资协调委员会颁布了13号令，新的13号令在申请投资许可证、审批流程简化、股份减持义务延期、外资代表处运营期限等方面做出了新规定，有较大更改。

2018年调整的外资政策：印度尼西亚政府修订并公布了投资负面清单，大幅放宽外资准入或持股比例。外国投资者可以在互联网服务、制药、针灸服务设施、商业性画廊、艺术表演画廊及旅游开发等行业拥有100%股权。此次被排除出投资负面清单的有五大领域54项业务。

8.3 税收政策

8.3.1 税收体系和制度

印度尼西亚实行中央和地方两级课税制度，税收立法权和征收权主要集中在中央。现行的主要税种有公司所得税、个人所得税、增值税、奢侈品销售税、土地和建筑物税、离境税、印花税、娱乐税、电台与电视税、道路税、机动车税、自行车税、广告税、外国人税和发展税等。印度尼西亚依照属人原则和属地原则行使其税收管辖权。

8.3.2 主要税赋和税率

（1）所得税。2008年7月17日，印度尼西亚国会通过了新《所得税法》，企业所得税率在2010年后降为25%。印度尼西亚对中、小、微型企业还有鼓励措施，减免50%的所得税。为减轻中小企业税务负担，2013年印度尼西亚税务总署向现有的大约100万家印度尼西亚中小企业推行1%税率，即按销售额的1%征税。2018年5月，印度尼西亚政府已完成了2013年关于某些固定企业所得税第46号政府条例的修改，主要内容是把中小微企业最终所得税税负率从原先的1%降低为0.5%。

(2)增值税。一般情况下,对进口、生产和服务等课征 10% 的增值税。

(3)印花税。是对一些合同及其他文件的签署征收 3000 或 6000 印度尼西亚盾的象征性税收。

8.4 对外国投资的优惠政策

8.4.1 优惠政策框架

(1)制造业优惠政策。所有制造业均允许外资拥有 100% 股权(包括经审核的批发零售业)。外商可拥有已登记注册的新银行的 100% 股权。1 亿美元以下的投资案,审核时间将在 10 天内完成。

(2)税收优惠政策。1999 年 1 月,印度尼西亚政府第七号总统令,公布了恢复鼓励投资的"免税期"政策。对出口加工企业减免其进口原料的关税和增值税及奢侈品销售税。对位于保税区的工业企业,政府还有其他的鼓励措施。

印度尼西亚政府 2013 年进一步简化企业获得税收优惠手续,对在印度尼西亚偏远落后地区投资的 129 个劳动密集型行业的企业,最低投资额 500 亿印度尼西亚盾(约合 500 万美元)且投资期限超过 6 年的,可最多按总投资的 30% 降低应纳税所得。印度尼西亚改变仅对投资额超过 1 万亿印度尼西亚盾(约合 1 亿美元)给予优惠待遇的政策,视不同情况对有关企业给予同等优惠待遇,以吸引更大规模的投资,促进印度尼西亚经济发展。同时,增加可获得税收优惠的产业部门,让更多领域的企业投资获得税收优惠,并对企业申请较少的产业部门减少或取消优惠政策。

8.4.2 行业鼓励政策

(1)行业优惠。自 2007 年 1 月 1 日起,印度尼西亚政府对 6 种战略物资豁免增值税,即原装或拆散金属机器和工厂工具的资本物资(不包括零部件),禽畜鱼饲料或制造饲料的原材料,农产品,农业、林业、畜牧业和渔业的苗或种子,通过水管疏导的饮用水,以及电力(供家庭用户 6600W 以上者例外)。

2010 年,对部分行业的投资给予财政奖励或税收优惠。印度尼西亚政府将对至少 10 个营业部门提供财政奖励以支持其发展,其中包括林业。此外,印度尼西亚政府还拟对环保型企业、大型投资项目、在落后地区投资的基建项目,以及具有较多附加值、提供广泛就业机会和运用先进科技的工业部门提供税收减免等优惠。

2011 年以来,推出财政奖励政策,大力支持资本和劳动力密集型产业的发展。针对包括金属、炼油、天然气、有机基础化学、可再生能源和电信设备等 5 个工业部门,投资规模在 1 万亿盾以上的,免除其开始商业运行后 5~10 年的税款。同时对符合印度尼西亚产业导向和优先发展领域的 120 个产业和地区提供相应的税收优惠。

(2)投资便利。印度尼西亚中央与地方政府实行投资审批一站式服务。实行一站式服务之后,每个部门都派代表到投资统筹机构办事处,以便加快办理审批手续。依据《投资法》第 30 条第 7 款,需要中央政府审批的投资领域包括对环保有高破坏风险的天然资源投资，跨省级地区的投资，与国防战略和国家安全有关的投资。

2013年10月，印度尼西亚采取的配套政策重点是为在印度尼西亚的投资和经商提供便利。政策主要适用于雅京首都专区。为提高经商便利，该经济政策配套8个部分组成，涉及经营业务、电力安装、纳税和缴纳保险费、解决合约中的民事诉讼、解决破产案件、土地注册和建筑物所有权、房屋建造许可证和贷款便利化。

2018年7月6日，印度尼西亚OSS系统正式启动。OSS是Online Single Submission的首字母缩写，意为一站式线上提交，设立该系统一是为了方便外国投资者处理注册公司、办理许可证等一系列在印度尼西亚投资所需要的手续；二是为了减少办理许可证过程中的繁杂过程。

8.4.3　地区鼓励政策

印度尼西亚为了平衡地区发展，按照总体规划部署和各地区自然禀赋、经济水平、人口状况等特点，将重点发展"六大经济走廊"（Economic Corridors），即爪哇走廊—工业与服务业中心、苏门答腊走廊—能源储备、自然资源生产与处理中心、加里曼丹走廊—矿业和能源储备生产与加工中心、苏拉威西走廊—农业、种植业、渔业、油气与矿业生产与加工中心、岜厘—努沙登加拉走廊—旅游和食品加工中心、岜布亚—马鲁古群岛走廊—自然资源开发中心。

印度尼西亚政府将按照规划出台政策和措施，对在上述地区发挥比较优势的产业提供税务补贴等优惠政策，优先鼓励发展当地规划产业。除爪哇岛等地区外，未来几年印度尼西亚的发展重点，将是包括巴布亚和马鲁古等在内的东部地区，将进一步出台向投资当地的企业提供税务补贴等优惠政策。

8.4.4　特殊经济区域的规定

2009年，印度尼西亚通过了经济特区新法律。特殊经济区，是印度尼西亚区别于工业开发区（Industrial Park Estates）和保税区（Bonded Area）外的经济开发区，旨在通过在各主要岛屿建立经济集群和商业中心以带动当地经济发展。印度尼西亚的特殊经济区是《2011—2025年经济发展中长期规划》的重点发展项目，作为印度尼西亚"六大经济走廊"战略的重要支撑点，并成为连接印度尼西亚主要岛屿的重要经济纽带。根据印度尼西亚关于特殊经济区有关规定，在特殊经济区内投资企业将获得税收减免、基础设施配套、简化投资手续等优惠政策。

8.5　有关劳动就业的政策

8.5.1　劳工（动）法的核心内容

印度尼西亚国会于2003年2月25日通过第13/2003号《劳工法》，对劳工提供相当完善的保护。印度尼西亚的第13/2003号《劳工法》的要点如下：

（1）离职金。由原来薪水的7个月，调高到9个月。

(2) 罢工。劳工因反对公司相关政策而举行罢工，雇主仍需支付罢工劳工工资，但劳工必须事先通知雇主与主管机关，且必须在公司厂房范围内进行罢工。如劳工违反罢工程序，罢工即属非法，雇主可暂时禁止劳工进入工厂并可不必支付罢工工资。

(3) 工作时限。每星期工作时间为 40 小时。

(4) 离职补偿。对于自愿离职与触犯刑法的劳工，雇主可不必支付补偿金，但需支付劳工累积的福利金。

(5) 童工。准许雇用 14 周岁以上童工，工作时间每日以 3 小时为上限。

(6) 临时工。合同临时工以 3 年为限。

(7) 休假。连续雇用工作满 6 年的劳工可享有 2 个月的特别休假（服务满第 7 年及第 8 年时，开始享有每年休假 1 个月，但在此 2 年期间不得享有原有每年 12 天的年假，另特别休假的 2 个月休假期间只能支领半薪）。

此外，依印度尼西亚政府规定，外国人投资工厂应允许外国人自由筹组工会组织。全国性的工会联盟有全印度尼西亚劳工联盟（SPSI）和印度尼西亚工人福利联盟（SB-SI）。

8.5.2　外国人在当地工作的规定

印度尼西亚劳工总政策旨在保护印度尼西亚本国的劳动力，解决本国就业问题。根据这一总政策，印度尼西亚目前只允许引进外籍专业人员，普通劳务人员不允许引进。对于印度尼西亚经济建设和国家发展需要的外籍专业人员，在保证优先录用本国专业人员的前提下，允许外籍专业人员依合法途径进入印度尼西亚，并获工作许可。受聘的外国技术人员，可以申请居留签证和工作证。

受聘的外籍专业人员到达印度尼西亚前必须履行下列手续：印度尼西亚公司聘用的外籍专业人员向印度尼西亚政府主管技术部门提出申请；取得劳工部批准；到移民厅申请签证。外国合资公司聘用的外籍人员须向印度尼西亚投资协调委员会提申请。

近年来，为进一步加大吸引外资的力度，印度尼西亚政府目前对于外国投资公司的相关劳务人员的限制已经大大放宽，简化了外籍劳工入境手续，而且只需要一个月的时间。

8.6　有关外国企业获得土地的政策

8.6.1　土地征用法案

印度尼西亚的土地征用法一直被视为实施基础设施项目的主要障碍。2011 年 12 月，印度尼西亚国会批准名为"民心工程的土地征用"第 2/2012 号法律的土地征用法案，该法案涉及的项目有铁路、港口、机场、道路、水坝和隧道等。该法案通过明确表示政府会将土地用于基础设施项目的建设，通过给被征地人更合理的补偿，来获取基础设施建设用地。根据印度尼西亚的法律程序，众议院通过法案后，必须再颁布一条总统法令来明确有关补偿和新法案适用的项目类别等条例实施细则，还需要财政部等其他部门出台进一步的配套条例。

在框架方面，该法案本身仅适用于政府项目，但根据公私合作伙伴计划，私营部门的投资者可通过与国有企业合作的方式参与。此外，除了设定土地征用程序的完成期限为583天以外，该方案还为项目选址设置了一个2年的最终决议期限，可延长1年。

8.6.2 外资企业获得土地的规定

印度尼西亚实行土地私有，外国人或外国公司在印度尼西亚都不能拥有土地，但外商直接投资企业可以拥有以下3种受限制的权利：建筑权，允许在土地上建筑并拥有该建筑物30年，可再延期20年；使用权，允许为特定目的使用土地25年，可以再延期20年；开发权，允许为多种目的开发土地，如农业、渔业和畜牧业等，使用期35年，可再延长25年。

8.7 有关环境保护的法规政策

8.7.1 环保管理部门

印度尼西亚政府主管环境保护的部门是环境国务部。其主要职责是依据《环境保护法》履行政府环境保护的义务，制定环境保护政策，惩罚违反环境保护的行为。

8.7.2 主要环境保护法律法规

印度尼西亚基础环保法律法规是1997年的《环境保护法》，对环境保护的重大问题作出原则规定，是制定和执行其他单项法律法规的依据，其他环境单项法律法规不得与本法相冲突和抵触。

本法较注重对生态和环境的保护，明确规定："环境可持续发展是指在经济发展中充分考虑到环境的有限容量和资源，使发展既满足现代人又满足后代人生存需要的发展模式"。这表明，印度尼西亚在发展经济的同时，对自然资源的利用采取优化合理的方式，关注到环境的承载能力，力求使人民获得最大利益，形成人与环境之间的平衡和谐关系。

印度尼西亚森林、动植物等生物保护的法律制度以《生物保护法》和《森林法》为基础。法律中明确规定了用语定义、限制行为及罚则等，结构完善，但条文的细节解释有模糊之处，且缺少对详细事项的规定，当前法律明确禁止的保护种捕获及森林刀耕火种等问题仍然存在。

8.7.3 环保评估的相关规定

印度尼西亚《环境法》要求对投资或承包工程进行环境影响评估（AMDAI），规定企业必须获得由环境部颁发的环境许可证，并详细规定了对于那些造成环境破坏的行为的处罚，包括监禁和罚款。

8.8　有关商业贿赂的法律规定

近年来,印度尼西亚积极采取措施打击腐败和商业贿赂,包括设立机构、颁布法律法规等。从 1999 年开始,印度尼西亚先后颁布了 3 个重要的反腐法案,包括 1999 年《根除贪污犯罪法》、2002 年《根除洗钱法》和 2002 年《关于建立根除腐败委员会法》。目前,印度尼西亚政府正在起草新的反腐法案,该法案吸纳了《联合国反腐公约》中的主要条款。新法中列入了之前从未涉及的私人企业发生腐败和境外行贿问题,被誉为国内反腐与国际反腐相结合的重大举措。

第 9 章

印度尼西亚林业国际合作

　　印度尼西亚作为世界上最大的热带材生产国之一和生物多样性最高的国家之一，在森林可持续经营与生产、森林保护、生态保护和气候变化等受到国际社会的普遍关注。出于资源获取、保护生物多样性、加强木材合法性等考虑，不少国家与印度尼西亚开展了多种形式的合作交流。与此同时，印度尼西亚也积极开展国际合作和交流。自 20 世纪 90 年代以来，印度尼西亚把林业国际合作纳入林业发展重点，把引进国外技术和资金作为林业国际合作的主要任务，寻求相关支持。主要合作形式包括项目合作、加入国际公约和相关进程、开展多边与双边合作。

　　在项目合作方面，印度尼西亚积极寻求包括技术转让、资金支持、技能培训、资源调查和机构能力建设一体化的国际援助项目。特别是 1990 年实施《热带林业行动计划》以来，通过与热带木材贸易组织和西方环境保护组织开展积极的双边和多边合作，先后争取到日本国际协力事业团、英国国际发展署、世界银行、亚洲开发银行、欧洲共同体、德国、世界自然保护基金、国际林业研究中心等近百个国际合作项目。同时，印度尼西亚积极参与国际公约。1994 年加入了《联合国生物多样性公约》和《联合国气候变化框架公约》。同时，印度尼西亚也是《濒危野生动植物种国际贸易公约（CITES）》与《湿地公约》的成员国之一。通过各种履约活动，开展各项保护活动，减缓气候变化、提高生物多样性。

　　开展多、双边合作也是印度尼西亚林业国际合作的一个重要领域与方式。通过东盟、APEC、APFnet、国际竹藤组织等相关组织，与周边亚洲国家及其他国家在打击非法采伐、应对气候变化、加强生物多样性保护、竹藤资源利用、非木质林产品生产与利用方面建立了广泛的合作伙伴关系。此外，积极地与欧盟、日本、韩国、澳大利亚、美国、中国等国家开展双边合作，在木材合法性、人工林营建、热带林保护、气候变化、森林可持续经营等林业相关领域展开有效合作。

　　总体而言，印度尼西亚与相关国家通过多种形式开展宽领域、多层级的林业合作。本章将重点探讨印度尼西亚与相关国家及国际组织的合作。

9.1　双边及多边林业合作

　　鉴于印度尼西亚在热带材生产、森林生态方面具有重要作用和地位，许多国家如欧盟、美国、日本、韩国、澳大利亚、东盟是最主要的合作国家，其中欧盟、韩国与东盟在与印度尼西亚林业合作中尤为主动积极。

9.1.1 欧盟与印度尼西亚的林业合作

欧盟近年来以森林执法、施政与贸易（FLEGT）行动计划与自愿合作伙伴关系协定（VPA）的签署为契机，广泛而深入地与印度尼西亚开展林业合作，对印度尼西亚林业可持续发展影响深刻，成为印度尼西亚林业的主要合作地区。欧盟各成员国也纷纷在木材合法性、气候变化、生物多样性保护等方面，全方位地推动与印度尼西亚的林业合作。

9.1.1.1 合作目标

印度尼西亚面临着严峻的非法采伐问题，是欧盟FLEGT行动计划的主要合作伙伴。

欧盟积极促成印度尼西亚签订VPA协定，作为FLEGT行动计划的重要组成部分，主要目标是支持与鼓励印度尼西亚政府、私营部门和社会团体组织共同努力，减少非伐采伐及其贸易，开展森林可持续经营。此外，欧盟还希望通过FLEGT行动计划和VPA协定，帮助印度尼西亚改善其森林法律框架，提高执法能力，创造透明和可靠的木材贸易，提高森林治理水平。同时，建立和实施木材许可制度，保证印度尼西亚出口木材的的合法性。相关合作活动包括提供资金支持印度尼西亚促进合法木材贸易、推动印度尼西亚制定实施公共采购政策、支持私营企业采取积极措施推行合法生产和贸易、保证金融和投资支持、利用现有法律体系或制定新的法律框架支持相关措施的实施。

欧盟还通过FLEGT行动计划，解决印度尼西亚毁林、林地退化和林地转化的问题，并将此与气候变化、碳汇、森林治理水平提高等议题相结合。可以看出，FLEGT行动计划亦然成为一个综合性框架，许多合作都在此框架下有序开展。

9.1.1.2 合作形式

欧盟—印度尼西亚合作分为3个层次和形式。首先，双方通过签订VPA协定，积极开展政府间合作。根据欧盟FLEGT行动计划的整体布置，欧盟与相关国家的VPA进程主要由相关成员国具体负责。鉴于英国有意愿、有能力推进欧盟—印度尼西亚VPA协定的实施，因此自印度尼西亚与欧盟签订VAP协定以来，英国与印度尼西亚政府开展合作，长期提供资金和技术援助，帮助印度尼西亚有效实施VPA协定。其次，指定专门机构推动VAP进程。欧盟指定欧洲林业研究所负责FLEGT行动计划的推行，由其成立FLECT亚洲推进项目，负责在印度尼西亚开展项目活动，为印度尼西亚相关机构（包括学术机构、政府部门、私营机构等）提供资金和技术支持，协助推动VPA协定的实施。最后，利用非政府组织力量，开展欧盟—印度尼西亚林业国际合作活动。不少欧美非政府组织在英国的支持下，积极地参与到欧盟—印度尼西亚VPA协定实施进程中，提供技术支持和开展独立监督活动。

9.1.1.3 合作领域

欧盟与印度尼西亚林业国际合作集中在但并不限于木材合法性领域，双方在气候变化、碳汇、生物多样性保护等方面也多有合作。欧盟希望将环境相关的合作与VPA协定相结合，通过木材合法性合作，推动印度尼西亚改善生态环境，保护物种，提升当地社区生计。总体而言，双方林业合作专注于以下几方面：

(1) VPA协定的实施。欧盟与印度尼西亚成立专门机构"印度尼西亚—欧盟联合实施委员会"监督实施VPA进程。根据协定，印度尼西亚完善本国法律体系，建立合法性保证体系和木材追溯体系，保证本国生产的木材为合法木材或木材产品。针对出口木材或木材产品发放得到欧盟自动认可的FLEGT证书。为保证证书的可靠性和权威性，欧盟和印度尼西亚开展多次联合核查。通过这一机制的运行，有力地推动印度尼西亚森林治理机制的改革，持续完善印度尼西亚木材合法性保证体系。

(2) 减缓气候变化。气候变化也是欧盟—印度尼西亚林业合作的一个重要方面。英国与印度尼西亚合作执行森林治理、市场与气候变化（FGMC）项目。英国政府为印度尼西亚提供资金，并支持相关非政府组织贡献其专长和实地工作经验，全方位地与印度尼西亚开展项目合作。通过提高森林治理水平，促进合法木材贸易市场的健康有序发展，最终达到减缓气候变化、提高森林碳汇的目标。

(3) 减少毁林和森林退化。英国基于欧盟FLEGT行动计划，与印度尼西亚合作实施林业项目，减少毁林和森林退化。2008—2013年，英国斥资2500万英镑，在印度尼西亚开展多利益方林业项目，帮助社区居民保护森林资源，支持印度尼西亚政府制定相关政策，加强森林保护和环境管理。近年来，由于印度尼西亚国内林产品市场不景气，不少林企改种棕榈油，导致林地转化日益严重。为此，欧盟为印度尼西亚提供资金和技术支持，提高森林治理水平，帮助印度尼西亚企业逐渐放弃导致毁林和森林退化的森林作业方式，扩大林产品市场，发展当地经济，力图减缓林地转化的速度。

(4) 林业减贫和林权改革。在欧盟—印度尼西亚林业合作整体框架下，林业减贫是一个重要领域和目标，也是最终实现减少毁林和森林退化、减缓气候变化的一个重要手段。在英国FGMC项目支持下，将林业减贫作为欧盟—印度尼西亚林业合作的一个重要议题，通过各种项目活动，鼓励开展亲贫森林治理改革，并鼓励制定策略，以实施2013年印度尼西亚宪法法庭裁决，即承认传统居民拥有一定的林地所有权。这涉及4000万hm^2的林地。通过这些活动，促进当地社区、传统居民、社会团体组织积极参与森林经营和管理，提高他们的话语权，进而增加他们的林业收入，从而达到保护森林及其环境的目标。

9.1.1.4 合作实施机构

欧盟代表27个成员国与其他国家及地区开展林业合作，但合作的具体实施则取决于各个成员国的意愿。鉴于英国愿意且有能力主导对印度尼西亚的林业合作，因此主要负责推进实施印度尼西亚VPA协定，由英国援助署和英国国际发展部具体实施，资助印度尼西亚政府机构、非政府组织、科研机构等参与VAP协定相关合作项目和活动。一方面，利用长期政府间合作项目，为印度尼西亚提供资金和技术援助，支持印度尼西亚修订林业相关法律法规，建立实施木材合法性保障体系。另一方面，为欧洲、印度尼西亚及其他在环境、林业等相关领域具有专长的非政府组织提供资金，鼓励非政府组织参与和补充政府间林业合作，形成多层次、多领域、全方位的合作模式。在印度尼西亚方面，在环境与林业部的主导下，形成了跨部门、多层级的印度尼西亚—欧盟林业合作机制，其中印度尼西亚本土非政府组织、私营部门、当地社区及其居民发挥了积极、重要的作用。

9.1.2 韩国与印度尼西亚的林业合作

韩国也是印度尼西亚重要的林业合作国之一。韩国与印度尼西亚的合作始于1968年，当时一家韩国公司到印度尼西亚投资。自1979年，两个国家就林业合作召开了21轮会议，两国自2007年举办了9次森林论坛。在这些会议中，两个国家逐渐开始在人工林和热带林保护方面开展合作，再扩展到其他方面。

9.1.2.1 合作目标

韩国基于其国内林业发展现状，非常重视与印度尼西亚的林业合作。对韩国而言，双方林业合作的首要目标有三：一是确保海外资源供给及保持进出口有利地位，维持国内木材市场稳定，保证本国山林生态环境不被破坏，为韩国企业参与气候变化相关的新能源、碳汇造林等新型市场做好准备。二是在热带林保护等影响亚洲气候变化的议题中发挥务实作用，提升国家形象。最后，在全亚洲推行"低碳绿色增长"的新型国家发展理念，引导亚洲发展，提高韩国在相关方面的话语权。

9.1.2.2 合作形式

韩国与印度尼西亚利用多种形式开展林业合作，主要包括项目合作、签署谅解备忘录、促进多边合作。

在项目合作方面，韩国利用其在再生林和林业项目(疗养型森林以及生态旅游项目)上的丰富经验，与印度尼西亚开展林业项目合作，利用项目提供资金和人员培训，并与政府及社区建立良好关系，从而有效实现合作目标。

签署谅解备忘录也是韩国推动与印度尼西亚林业合作中的重要方式。通过备忘录的签署，促进两国在林业相关领域加强合作，并拨以专门资金，提供技术支持，在特定领域开展深入合作。

韩国还加大森林相关外交活动力度，积极参与各项全球林业谈判，承办林业国际活动。韩国与东盟10个成员国成立亚洲森林合作组织(AFOCO)，旨在防止毁林、应对全球气候变化。该组织由11个成员国组成，印度尼西亚也是其中一员。通过亚洲森林合作组织的活动，韩国政府将协助东盟各国防止毁林，同时援助造林及提供技术支持。该组织90%的活动经费由韩国承担。

9.1.2.3 合作领域

根据印度尼西亚与韩国的双边合作协议，韩国通过项目执行、资金资助等方式与印度尼西亚开展林业合作，主要合作领域包括人工林种植、热带雨林保护、生态旅游、疗养型森林建设、林业应对气候变化等。

(1)人工林种植。这是韩国最为重视的合作项目，山林厅从1993年开始海外造林。2007年制定《海外山林资源开发的基本计划(2008—2017)》，计划在10年间种植

25万hm²森林，以满足国内木材需求。韩国公司在印度尼西亚投资营建了70万hm²的人工林。此外，根据2006年韩国与印度尼西亚签订的谅解备忘录，韩国在印度尼西亚取得50万hm²森林的经营权，一方面获得稳定的木材来源；另一方面以此减缓气候变化。2009年韩国与印度尼西亚再签署谅解备忘录，再取得20万hm²森林的经营权。通过这些项目，韩国获得木材资源，而印度尼西亚获得投资，发展生物质能源工业。基于人工林发展合作，韩国正与印度尼西亚合作，共同执行林木生物质、气候变化等项目，营造生物质原料林，利用生物质生产木质燃料，以减缓气候变化。

（2）热带林保护。韩国山林厅与印度尼西亚环境与林业部共同开展热带林保护项目和红树林项目，以此取得碳排放权，进而推动REDD+项目的实施，减少因毁林和森林退化造成的碳排放。该项目是一个延续性项目，2012年正式启动，计划2019年结束。根据项目协议，韩国出资303万美元，印度尼西亚出资76万美元，在苏门答腊岛划出1.4万hm²作为碳汇林，开展REDD+项目（Lee Kwon-hyung，2013-10-14）。

（3）疗养型森林与生态旅游。在原印度尼西亚林业部部长的要求下，韩国与印度尼西亚于2013年签署疗养型森林与生态旅游谅解备忘录（Korea Net，2013-10-06），利用韩国在天然休憩林、疗养型森林及生态山村的经验，帮助印度尼西亚在森林保护区建立疗养型森林与生态旅游项目。在备忘录中还提及促进两国公园与自然休憩森林结为姊妹公园，通过开展专家交换、召开研讨会等方式，促进实施商业项目，支持当地社区发展。在韩国的支持下，印度尼西亚政府已于2013年6月向韩国开放了30hm²的"生态教育林"，并拟建立韩国和印度尼西亚友谊林、生态研究林以及生态疗养林等项目（Lee Kwon-hyung，2013）。

（4）能力建设项目。韩国一直注重森林恢复和森林经营的林业技术转让，为此特别开展培训项目，邀请印度尼西亚相关技术人员赴韩国参加培训。

9.1.2.4 合作实施机构

韩国与印度尼西亚林业合作由韩国山林厅和印度尼西亚环境与林业部共同推进。为了推动两国之间的林业合作，特成立了韩国—印度尼西亚森林中心，设于印度尼西亚环境与林业部内，主要负责管理实施林业合作项目，经营苗圃，并为投资公司提供资金支持，资助与气候变化相关的森林资源培育等合作活动。

9.1.3 印度尼西亚与东盟林业合作

东盟历来重视林业发展，林业区域合作的政策协调和决策是东盟林业高官会议的主要任务之一。在东盟农业和林业部长机制的指导下，东盟林业高官会议根据《东盟宪章》制定了东盟林业政策框架，并于2008年获得批准，作为区域林业合作最重要的政策框架。作为东盟的发起国之一，印度尼西亚利用这个框架与东盟各成员及其他国家和地区开展林业合作项目，共同实现林业发展目标。

9.1.3.1 合作目标

东盟林业政策框架是一个综合性林业合作框架，包含多个重要林业议题。其主要目标是加强区域合作，推动解决全球环境议题；保护生物多样性，促进环境可持续发展；推进森林可持续经营，开展打击非法采伐及其贸易等活动，消减不可持续的经营与贸易活动。综述以上，东盟林业合作的首要目标是利用林业促进环境可持续发展，推进合法木材生产和贸易。

9.1.3.2 合作方式

印度尼西亚作为东盟成员国，主要是基于东盟内部机制加强林业合作。在东盟林业高官会议机制中，主要通过建立林业合作网络或成立林业工作组来推进各成员国的合作，同时在必要时根据一项林业议题建立一个网络，如社会林业网络。各个东盟国家通过网络或工作组彼此建立联系，共同开展相关活动。每个国家都指定相关机构或人员加入网络或工作组，与东盟秘书处进行协调，并在秘书处的协助下开展合作。林业合作网络或工作组还包括东盟各个国家的研究机构、非政府组织及相关领域的专家学者。一般而言，东盟国家轮流作为网络或工作组的主席国，组织安排合作活动，促使东盟国家在林业相关议题加强对话和合作。此外，各个林业网络立足于东盟的实际需求，与其他国家政府、国际组织、多边环境协定组织、非政府组织开展合作，共同实施林业项目，提升东盟在林业议题的影响力和话语权。

9.1.3.3 合作领域

印度尼西亚在东盟林业合作框架下，通过多种形式和方式，在可持续林业、木材合法性保证体系、社会林业、森林执法与施政、气候变化等多个领域加强与其他东盟国家开展合作，着力保护森林，发展林业。

（1）可持续林业。印度尼西亚与其他东盟国家按照森林可持续经营的原则，共同制定东盟热带森林可持续经营标准和指标，确定了7个标准59个指标，形成森林可持续经营评估框架，监测并评估热带林的可持续性。在此基础上，东盟秘书处相关机构开发了森林可持续经营监测、评估和报告模板，指导林业机构和林主根据模板，利用相关标准与指标开展监测和评估活动。

（2）木材合法性保证体系。印度尼西亚与其他东盟国家自20世纪90年代开展合作，大力推动森林认证和木材合法性认定的发展。首先在印度尼西亚的提倡下成立了泛东盟木材认证倡议工作组，定期召开会议交流相关问题，为森林认证制定区域性方法，逐步推动区域森林认证的发展。其次，推进工作组制定了木材合法性认定标准，建立了认证评估的指标体系。根据区域性标准和指标，各个东盟国家再制定各国的标准与指标。最后，工作组还定期开展相关能力建设活动，帮助各国相关人员了解认证方法，提高对标准和指标技术理解。目前，印度尼西亚和其他东盟国家在英国等国家的支持下，针对木材合法性保证体系建设进行合作和交流，传授印度尼西亚木材合法保证体系实施经验和挑战，以促进区域合法木材生产贸易。

（3）森林与气候变化。东盟国家毁林问题严重，大量温室气体排放到空气中，引发国际社会的关注。为了响应林业应对气候变化议题，印度尼西亚与其他东盟国家一道加强与国际社会的合作，更好了解气候变化及其负面影响。在印度尼西亚的支持和推动下，东盟国际森林政策进程专家组制定项目提案，推动REDD进程，监测区域REDD相关活动，定期更新REDD机制。还利用区域知识网络，成立东盟区域性森林与气候变化网络，扩展东盟相关知识和能力，同时通过召开研讨会等形式，加强相关议题的对话和交流。

（4）森林执法与施政。印度尼西亚与其他东盟国家高度重视森林执法与施政这一议题，视其为森林可持续经营的主要驱动力。在印度尼西亚的大力倡议下，东盟制定并一致通过《加强森林执法与施政工作计划》，为东盟各国加强合作，实施联合行动提供了依据。成立了东盟森林执法与施政区域知识分享网络，一方面扩展东盟国家的知识能力，推动工作计划的实施；另一方面为东盟农业和林业部长会议等机构提供政策分析和研究成果，加强政策执行能力，进一步促进森林执法与施政。

（5）社会林业。在印度尼西亚的促进下，东盟建立了社会林业网络，加强东盟国家在社会林业领域的合作，推动社会林业政策制定和实践活动，提高东盟各成员国对社会林业的支持，建立和加强社会林业宣传和信息系统。在秘书处的协调与支持下，社会林业网络通过信息系统、会议和各种宣传活动，加强各方联系，汇总和分享各国社会林业经验与知识，同时加强东盟与外部组织及相关国家的合作与联系。

9.1.3.4 合作实施机构

东盟林业合作从技术和管理两个方面各有相关机构负责。在技术层面上，东盟农业与林业部长会议机制下设有林业高官会议机制，组织各成员国高级林业官员讨论并商定林业发展目标和重点合作领域，并根据东盟林业发展需要，提出组建各类工作组、专家组和网络，促进相关领域的林业合作。在管理方面，由秘书处相关机构根据其职责负责不同工作组、专家组和网络的协调和支持工作。在印度尼西亚方面，环境与林业部、农业部等相关部门负责组织协调与其他东盟成员国的林业合作。

9.2 与国际组织的林业合作

由于印度尼西亚拥有丰富的陆地与海洋生物多样性，但同时许多印度尼西亚人民生活在贫困之中，这是导致印度尼西亚毁林和林地转化现象严重的根本原因。为了保护印度尼西亚热带雨林及其丰富的生物多样性，许多国际组织均与印度尼西亚共同开展活动，其中包括联合国涉林机构、多边环境协定组织、世界银行、世界自然保护联盟等国际组织，也包括世界自然基金会（WWF）、国际保护（CI）、环境调查署（EIA）等众多非政府组织。这些组织的活动在一定程度上促进了印度尼西亚的多边和双边林业合作。在本节中，特选择世界银行和世界自然基金会（WWF）剖析国际组织与印度尼西亚的林业合作，了解这些国际组织如何促进印度尼西亚与其他国家的林业合作，共同保护印度尼西亚热带雨林资源。

9.2.1 世界银行

9.2.1.1 合作目标

世界银行环境部在印度尼西亚的工作目标是通过提供资金，开展项目，帮助印度尼西亚应对气候变化，提高林业碳汇能力；在政策方面促进印度尼西亚发展绿色经济，减缓气候变化；加强印度尼西亚生物多样性保护；提高当地社区在林业管理和减缓气候变化的参与度，通过林业发展减少贫困。

9.2.1.2 合作形式

世界银行主要通过资金援助和项目技术援助两个方面与印度尼西亚开展合作。资金支持是根据印度尼西亚和世界银行的共同关注领域，只给资金不提供人员的援助，即提供无附加条件的贷款、信贷和项目准备贷款；项目技术合作是世界银行提供由其管理的技术援助，包括联合国开发计划署资助的项目。

9.2.1.3 合作领域

为实现以上四个目标，世界银行加强与印度尼西亚政府的合作，围绕目标开展了多个项目，主要涵盖应对气候变化、生物多样性保护、政策分析和当地社区参与等方面。

在应对气候方面，世界银行与印度尼西亚政府开展了森林碳汇合作伙伴关系促进项目、森林投资项目、印度尼西亚森林与气候信托基金项目这三个重大项目。这些均是REDD+项目，利用森林恢复和保护，提高森林碳汇能力，进而获得资金，最终目标是解决导致毁林和林地转化的根本原因。其中，印度尼西亚森林与气候信托基金项目与澳大利亚—印度尼西亚森林碳汇合作伙伴项目在同一地区，两个项目的基本目标均是通过为当地社区提供资金，鼓励当地民众以参与式方法开展社区民生活动，恢复已退化的泥炭地。两个项目在资金上互为补充，并以项目为契机，促进印度尼西亚环境与林业部、当地社区、澳大利亚援助署和其他相关机构的合作。在一定程度上促进了印度尼西亚的双边林业合作。

在生物多样性保护方面，世界银行为印度尼西亚提供资金，开展了一系列保护项目，包括珊瑚礁、森林保护、国家公园保护、苏门答腊虎保护等。在这些项目中，世界银行为项目提供资金，帮助印度尼西亚相关组织开展保护活动。项目非常关注推动当地合作伙伴和社会组织参与，为此世界银行为当地非政府组织和其他国际组织提供项目资金，如为Telapak组织提供资金，研究在气候变化中原住民问题。

在气候政策、金融与绿色经济发展方面，世界银行与印度尼西亚合作开展了经济与政策分析、市场应对合作伙伴关系等项目，旨在通过气候政策分析，提高对印度尼西亚战略潜力的认识，采取措施将相关气候资金纳入绿色经济规划。在项目实施中，利用制度设计改革、能力建设等方法来实现绿色经济发展。这些项目通过与其他组织一起开展，利用各组织在气候变化方面的专业知识，共同推进气候政策分析和绿色经济发展。

9.2.2 世界自然基金会（WWF）

9.2.2.1 合作目标

世界自然基金会（WWF）是一个活跃在印度尼西亚的国际非政府组织，与印度尼西亚合作的主要目标是通过提高全社会保护意识和保护行动、发动多利益相关方共同行动、宣传保护法律政策及执法活动、推动自然资源可持续利用提高当地社区福祉等活动,保护印度尼西亚生物多样性并减少人类的负面影响。为此,世界自然基金会(WWF)在印度尼西亚与政府、社区和企业合作,促进保护政策的制定与实施,同时在社区层面工作,提高当地居民管护自然资源的能力,通过自然资源的可持续利用改善自身生计和权利。

9.2.2.2 合作形式

世界自然基金会(WWF)在印度尼西亚主要以项目为载体开展合作活动,在印度尼西亚16个省的23个项目点上开展生物多样性保护活动,与各相关利益方之间直接建立起联系,并在其中发挥沟通、协调甚至是联合的作用。协同当地政府部门、社区、相关非政府组织、个人、企业等力量,共同开展项目活动,完成保护任务。在项目实施后,继续关注后续工作的开展,进一步宣传保护理念,以实现项目成果的延续性和可持续性,从而使生物多样性保护成为一个长期的、可持续的活动,并为当地社区持续创造社会和经济效益。

9.2.2.3 合作领域与项目

在林业方面,世界自然基金会(WWF)主要在两个领域开展项目活动:一是森林物种保护;二是气候与能源。

在森林物种保护方面,世界自然基金会(WWF)致力于动物保护政策制定与实施,并付诸于实践活动。基于此,开展了多种形式的活动。首先,在政府层面上,与印度尼西亚政府合作,协助政府建立森林保护区,并帮助制定管理规划。此外,还推动印度尼西亚、马来西亚和文莱三国发起共同倡议,保护婆罗洲生物多样性并实现可持续发展。其次,与30多个私营企业合作,推动FSC森林认证,帮助70万hm^2森林通过认证。促进建立棕榈油可持续发展圆桌会议机制,帮助制定可持续棕榈油原则与标准。在社区活动方面,着力加强当地社区和相关机构的能力,以能够有效参与自然资源保护和可持续生计相关活动。

在气候与能源领域中,主要关注于碳强度减少和气候变化适应战略。世界自然基金会(WWF)与印度尼西亚在三个干扰领域(电力、2012年后京都协定及气候变化适应战略)开展合作。在电力方面,加强低碳能源政策的宣传,通过全国性的宣传活动提高公众对清洁、可持续能源的认识。在京都协定实施方面,强调宣传印度尼西亚气候变化战略,提高政府、社会团体组织的宣传和倡议能力。

第 10 章

中国—印度尼西亚森林治理合作现状

10.1 现实基础

印度尼西亚作为"一带一路"重要沿线国家和战略节点国家，是我国重要的合作伙伴。双方在林产品贸易、森林可持续经营、打击非法采伐等方面开展了多方面合作，并取得了一定成效，为中国—印度尼西亚加强森林治理合作奠定了良好的基础。

10.1.1 中国—印度尼西亚互为重要的林产品投资贸易合作伙伴

中国是印度尼西亚最重要的林产品贸易伙伴国。印度尼西亚方面认为，没有中国的支持，其木材合法性保障体系无法真正发挥其效用，进而将影响到其森林治理目标的实现。

10.1.1.1 中国—印度尼西亚林产品贸易

中国—印度尼西亚林产品贸易活跃，贸易品类包含原木、锯材、木片、木浆、人造板、新闻纸、木制品及木家具。印度尼西亚主要进口中国的木家具、纸与纸产品、胶合板、单板、地板、木制品等。其中，从中国进口的木家具、纸与纸产品、胶合板和木制品分别占印度尼西亚相应产品总进口额的84.56%、24.14%、38.99%和77.5%。2019年中国已成为印度尼西亚最大的林产品供应国，占印度尼西亚林产品进口总额的16.43%，高于欧盟（16.12%）和美国（15.78%）。而印度尼西亚主要向中国出口锯材、木片、刨花板、木制品和木浆，在2013—2019年，中国市场占印度尼西亚林产品出口总额的20%以上，且年年增长。其中，对中国锯材、木制品和木浆的出口额分别占印度尼西亚相应产品总出口额的51.63%、82.13%和71.93%。中国已成为印度尼西亚林产品的最大出口目的地国和第一大进口来源国（图10-1和图10-2），而且印度尼西亚对中国保持较大顺差。2019年，印度尼西亚从中国进口的林产品总额6.3亿美元，而出口到中国的林产品总额为30.2亿美元，顺差额达23.9亿美元，占印度尼西亚林产品贸易总额的65.53%。随着印度尼西亚木材合法性保证体系的建立，经过合法性验证与认证的林产品贸易份额越来越大。2017年1月至2019年6月，针对出口中国的林产品，印度尼西亚共发放了47046张V-Legal证书，证明这些出口产品是经过合法验证的，其合法性可以得到保障。中国企业在向印度尼西亚出口林产品时，也必须向印度尼西亚合作伙伴提供林产品的HS编码、树种、来源地等信息，以帮助印度尼西亚进口商开展尽职调查，进行进口申报。由于无法满足印度尼西亚木材进口法案的其他合法性条件（包括 FLEGT 证书、国家特别指南、合法性互认、出口国及协会出具的证明文书），几乎所有出口印度尼西亚的中国林产品都需要提交第三方认证证书，以证明向印度尼西亚出口的林产品是合法的。印度尼西亚木材合法性信息系统的进口申报统计显示，2016—2018 年，中国和马来西亚是申报数量最多的两个国家，这也侧面反映了中国是印度尼西亚林产品贸易的最重要伙伴国。

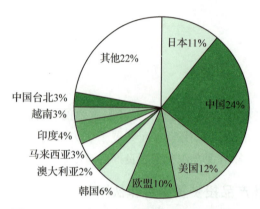

图 10-1　2019 年印度尼西亚林产品出口目的国
（数据来源：https://comtrade.un.org/data/）

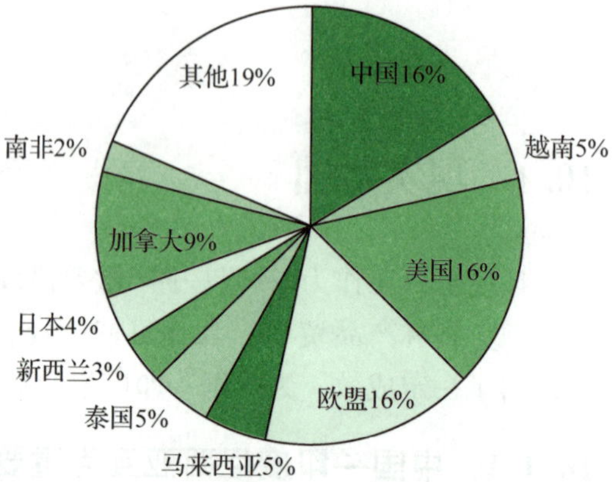

图 10-2　2017 年印度尼西亚林产品进口来源国
（数据来源：https://comtrade.un.org/data/）

10.1.1.2　中国对印度尼西亚林业投资持续增长

自中国—东盟自由贸易区建立以来，中国对印度尼西亚的直接投资不断增加。目前，中国已成为印度尼西亚的第三大投资国。然而公开数据显示，中国对印度尼西亚的林业投资相对较少。根据印度尼西亚银行的统计数据，中国在 2014 年开始投资印度尼西亚农业、狩猎和林业，投资额为 100 万美元，并且自 2017 年以来增长较为迅速，从 300 万美元增长到 2018 年的 600 万美元。中国对印度尼西亚的林业投资主要集中在森林开发和竹产品生产。中国商务部数据显示，印度尼西亚是东盟地区继老挝的第二大农业、林业、畜牧业和渔业对外投资目的地。

在林地和森林资源经营利用方面，由于印度尼西亚限制外国人投资林地，并且要求外国投资者必须与本地企业合作建厂加工林产品，有一些中国企业通过入股本地林业公司或通过印度尼西亚代理人等方式，取得了森林采伐权，从事木材采伐和初级加工。例如，我国企业与印度尼西亚当地合作伙伴合作，在当地规划建设总面积为 $5km^2$ 的农林产业园。在木材加工业投资方面，早在 2013 年，中国开发银行投资 18 亿美元，在苏门答腊建造印度尼西亚最大的纸浆和造纸厂。近年来，中国林产品加工企业面临中美贸易战及美国、欧盟对中国发起双反调查的困境，加之国内环保、劳动法要求趋严，正考虑将产业转移到东盟国家。而印度尼西亚的木材合作性保证体系运行良好，对欧盟、澳大利亚的出口顺畅，使得不少中国企业考虑加大对印度尼西亚木材加工业的投资。商务部相关资料显示，2015 年共有 17 家企业在印度尼西亚投资林业，多为竹产品开发。总体而言，中国对印度尼西亚林业投资正在快速增长，但具体规模无法准确得知。可以肯定的一点是，对印度尼西亚的林业投资多与农业投资相结合。

10.1.2 "一带一路"建设推动中国—印度尼西亚森林治理合作

鉴于中国是印度尼西亚最重要的林产品贸易国，印度尼西亚十分重视与中国开展林业国际合作，认为只有在中国的支持下，印度尼西亚森林治理努力才能得到保证。为此，双方林业部门一直保持着良好的合作交流关系，开展了多层次合作与交流，取得了一定成效。

10.1.2.1 政府间林业合作特别是打击非法采伐合作频繁

中国—印度尼西亚林业合作始于20世纪90年代。两国在1992年6月签署《中华人民共和国林业部和印度尼西亚共和国林业部关于林业合作谅解备忘录》，并于1992年10月21日在北京签署了《中华人民共和国林业部长和印度尼西亚共和国林业部长会谈纪要》。2002年12月17~19日期间签署了《中华人民共和国政府和印度尼西亚共和国政府关于合作打击非法林产品贸易的谅解备忘录》。基于这些协议，双方举行了两次林业工作组会议。随着国际社会对林业和生态问题的日益关注，以及自身发展和合作需要，双方又于2010年9月15日在北京签署了《中华人民共和国国家林业局与印度尼西亚共和国林业部关于林业领域合作的谅解备忘录》。

在这些备忘录和声明的基础上，两国在打击非法采伐和木材走私方面进行了良好的合作。一是双方加强林业走私活动交流信息。自2010年起双方在森林与林产品贸易相关法律法规制定及执法等方面的情况开展了富有成效的交流，探索了在打击木材非法采伐和相关贸易备忘录框架下的优先合作领域，为森林执法、森林可持续经营、投资贸易合作提供了进一步交流的平台。二是开展非法采伐及其相关贸易的研讨和交流。自2010年起，国家林业局及下属单位多次派员到印度尼西亚参加相关研讨会、开展调研与考察，多次与印度尼西亚林业部门官员及专家就推进打击非法采伐及相关贸易合作进行广泛交流。三是利用各类国际会议进行接触和交流。如2015年12月1日印度尼西亚环境与林业部与中国国家林业局业务司局相关领导在法国巴黎气候变化峰会的间隙中举办双边会议，商讨持有V-Legal证书的印度尼西亚木材贸易问题，以加强两国贸易关系。

这些合作为中国—印度尼西亚加强森林治理和木材合法贸易合作奠定了坚实的基础，将双方在此领域的合作逐渐引入了实质性合作机制建设的阶段，因此亟待在制度保障、合作能力建设等方面有所突破。

10.1.2.2 国际和区域性组织助力中国—印度尼西亚可持续林业合作

中国—印度尼西亚在经济发展过程中，愈发重视森林可持续经营、森林执法与施政等方面的合作，而良好的森林治理和合法木材贸易有利于实现减缓气候变化、减贫、加强生态系统保育等目标。为此，双方借助国际和区域性组织的支持，开展可持续林业合作。其中，国际竹藤组织（INBAR）和亚太森林组织（APFNet）发挥了重要作用。

在这两个组织的支持下，中国—印度尼西亚进行多种形式的合作，以提高林竹经营利用能力和水平。主要合作方式包括举办会议、提供能力建设支持及共同开展实地项目。印度尼西亚政府经常派遣相关官员和学者参加 INBAR 和 APFNet 举办的有关竹藤开发利用、森林可持续经营、退化森林恢复和森林可持续经营、森林与农村减贫、可持续林业和气候变化、混农林业等方面的研讨会，还积极参加 INBAR 和 APFNet 举办的能力建设培训。2000—2015 年，印度尼西亚共派出 32 位人员参加了 INBAR 举办的 14 次培训研讨会，包括林业官员、技术人员、学者和学生。

近年来，双方还开展了森林和竹类植物实地项目。例如，INBAR 在两国同时开展竹种分布研究、竹种资源发展政策建议等项目，通过项目合作促进双方的交流与合作。APFNet 在 2010 年和 2011 年分别在中国—印度尼西亚同时开展"林业为贫困人口服务——在亚太地区推行适应扶贫战略的林业政策"和"实现向森林可持续经营转变比对分析"项目，促进两国在林业政策和森林可持续经营方面的交流合作。

总体而言，印度尼西亚与中国在区域性组织的支持下，针对森林可持续经营开展了多项合作，为进一步促进双方森林治理合作奠定了一个良好的基础。

10.1.2.3 森林治理科研和能力建设合作与交流日益广泛

在合作机制和项目实施的支持和推动下，两国林业科技人员开展了广泛的学术交流，在林木遗传育种、森林可持续经营、森林生态系统、木竹藤科学技术等领域有密切的学术交流，在植物新品种保护、森林认证等新兴学科领域的学术交流也日益广泛。

虽然自 2000 年以后，印度尼西亚与中国科研机构的合作逐渐减少，但在各方支持和推动下，双方林业科研机构仍然保持了一定的联系与合作。例如，中国林业科学研究 2004 年与总部设在印度尼西亚茂物的国际林业研究中心签署了合作谅解备忘录，以此为平台加强林业科技合作，并在 2018 年与国际林业研究中心签署了新一期合作谅解备忘录，同时与印度尼西亚林业和环境开发署进行了初步的接洽，在 2019 年正式签署合作谅解备忘录。其下属研究所（中心），包括林业科技信息研究所、热带林业研究所和竹子研究开发中心，也与印度尼西亚相关机构开展了合作。如林业科技信息研究所与欧洲森林研究所合作，就木材合法性与印度尼西亚开展了广泛的交流和合作，对木材合法性互认、森林治理提升等方面开展实地调研。

同时，国际竹藤中心、中国林业科学研究院竹子研究开发中心等科研机构在中国商务部和科技部的支持下，与东盟国家开展大量的能力建设合作。印度尼西亚环境与林业部派出了各级学员参加了各类能力建设培训，培训内容包括竹子利用、竹产业、气候变化、森林执法与施政等方面。

10.1.3 印度尼西亚森林治理新体系初见成效

印度尼西亚拥有约 1.2 亿 hm^2 的森林面积，占土地总面积的 63.7%。森林面积和蓄积量均列亚洲第二位，是世界上最大的热带木材出口国之一。印度尼西亚为打击国内广泛的木材非法采伐及其贸易，建立实施了木材合法性保证体系（SVLK）以保证印度尼西亚出口的木材为合法木材，成为全球森林执法与施政的主要推动国之一。

10.1.3.1 印度尼西亚木材合法性保证体系已逐渐成为国家森林治理的基础

印度尼西亚以 SVLK 为手段和方式，打击森林资源非法采伐及其贸易，推动林业可持续发展,对森林执法与施政产生了良好的影响。目前,印度尼西亚是木材合法性保证体系实施最好的国家,立足于国内林业管理体系的现实,借鉴和利用森林认证及木材合法性认定机制及方法,通过政府推动和市场驱动相结合的方法,提高森林资源管理水平,进而推动森林资源的可持续发展。

目前,印度尼西亚 SLVK 已成为一个有机的整体,其核心内容包括:①制定了合法性标准,涵盖拥有特许经营权的国有林、社区林、私有林、转换林、微/小型木材生产企业、家用木制品/手工艺品、原木贸易商、从事第一/第二产业的企业这 8 类范畴,共有 24 个原则 57 个指标。②建立了五级验证/认证制度,包括认可机构、国际森林经营网络组织、独立的认证/验证机构、业务管理单位和政府。③完善了制度建设,正式实施木材合法性证书制度,为出口林产品签发 FLEGT 证书或 V-Legal 证书。这些努力保证了 SVLK 体系的实施效果。

应该注意到,印度尼西亚 SVLK 的建立并不是以满足印度尼西亚与欧盟 VPA 协定要求为主要目的,而是从一开始就以推动林业可持续发展为要旨。早在 2003 年就开始着手建立 SVLK 体系,利用认证和市场机制打击非法采伐及其贸易,推动森林资源的可持续经营。整个体系是在 21 个部委共同努力下得以全面的实施,不但包括环境与林业部、贸易部和海关 3 个主要部委,还包括外交部、投资促进部、农业部等相关部委,每个部委在其职权范围内负责推动 SVLK 体系的实施,保证其运行。对于印度尼西亚而言,SVLK 不但是保证木材合法性的手段,而且还将成为森林治理的基础,是印度尼西亚森林施政体系的重要组成部分,具有长远的战略目标和意义。

10.1.3.2 合法木材证书体系成为森林治理和产业健康发展的重要支撑

合法木材证书体系是印度尼西亚木材合法性保证体系的具体表象和最终出口,是保障 SVLK 顺利实施和保证实施效果的有力手段。印度尼西亚于 2016 年 11 月 15 日在之前签发的 V-Legal 证书基础上正式签发森林执法、施政与贸易认证(FLEGT)证书。根据印度尼西亚环境与林业部统计数据,从 2013 年 1 月至 2019 年 3 月,印度尼西亚已签发 10 亿多份合法性文件(包括 V-legal 证书和 FLEGT 证书),涉及林产品的总出口额超过 540 亿美元。认证木制品出口额从 2013 年的 61 亿美元增长至 2018 年的 121.3 亿美元。

合法木材证书体系可谓是在政府引导下,基于市场机制而建立的一个体系。一方面是要求企业必须遵守法律法规开展合法生产与贸易,并取得证书以证明产品的合法性;另一方面利用市场驱动机制,调动森林经营企业和加工贸易企业实施认证的积极性。在此过程中,独立第三方认证机构根据印度尼西亚木材合法性标准并遵照独立、自主等原则开展森林可持续认证与木材合法性认定。企业通过认证或认定后,在产品贸易过程中,传递证书信息,以保证供应链上的木材合法性。法律要求与市场要求相结合,促使印度尼西亚木材生产加工贸易企业以更积极的姿态保证木材的合法性,在满足法律强制要求的同时,又取得经济、社会及生态效益,最终实现双赢。

为保证合法木材证书体系的顺利运行,印度尼西亚政府针对 SVLK 建立了信息追踪与分享机制,不但建立了木材合法性网站,还专门建设了木材合法性追踪数据库,包括进口木材和国产材数据库，并给予不同利益方以不同查询权能。这既广泛地保证了利益方的知情权，又有效保障主管部门的运行权。同时，借鉴森林认证的第三方监督机制，设计建立了第三方监督机制，使非政府组织承担了大量的监督工作。目前，印度尼西亚全国有4家非政府联合机构。其中，最大、参与最早的机构是由69家本地非政府组织组成的独立森林监督网络（JPIK），在全国24个省开展监督活动。这些机制的建立有效保证林产品供应链的透明性和可追溯性，从而使得森林治理更加准确高效，同时也保证促进了合法木材的生产与贸易。

10.1.4 中国开展森林治理合作的时机日渐成熟

10.1.4.1 中国—印度尼西亚加强森林治理政策法规建设

随着全球环境保护意识的提升，很多国家出台了鼓励和倡导可持续森林资源利用的政策。如前所述，印度尼西亚正在努力将木材合法保证体系作为国家森林治理框架的重要组成部分，甚至有计划将该体系作为森林治理体系框架，通过出台各类政策措施，实现木材合法生产、加工和贸易，从而保证和促进森林治理，实现森林可持续经营，造福森林社区和全社会。

中国作为一个林产品加工和贸易大国，处在国际供应链和产业链的中间环节，为了适应国际社会对森林治理的要求，在森林治理框架中已纳入木材合法性要求，旨在推动林产品生产贸易的合规性和合法性。在此情况下，中国在继续严格管控国内木材生产、加工和贸易的基础上，对进口木材的管控也日益重视。中国政府采购产品标准中，明确提出纸产品、家具等产品的原料必须满足合法性最低要求，同时要求一些产品的原材料必须是可持续认证材料。《中华人民共和国森林法实施条例》（2018年）明确规定，木材收购单位和个人不得收购没有林木采伐许可证或者其他合法来源证明的木材。《中华人民共和国森林法》（2019年）进一步要求木材经营加工企业应当建立原料和产品出入库台账，不得收购明知是非法来源的林木。从这些举措可以看到，中国越来越重视木材合法来源，并且已在相关法律法规中予以规范。

10.1.4.2 中国森林认证体系和木材合法性验证体系已进入实施阶段

为了保障木材的合法和可持续性，中国森林认证体系和中国木材合法性验证体系正在发挥切实作用。

中国森林认证体系（CFCC）与森林认证认可计划体系（PEFC）互认后，根据PEFC产销监管链认证标准修订了CFCC产销监管链认证标准，制定了尽职调查方法的原则与指标，对非认证木材原料的来源进行管控，减少木材来源的风险。因此，凡是通过CFCC认证的企业，或全部采伐认证原料，或采用尽职调查方法针对非认证原料建立了风险管控体系，以保证木材来源的合法性，同时保证在生产过程中没有混入不明来源材料。

自2009年以来，国家林业局、商务部和英国国际发展署合作，围绕中国木材合法性验证体系（CTLVS）的开发和应用，开展了大量研究、能力建设和意识提高工作。其中，开发了CTLVS的标准体系和实施框架，制定了中国尽职调查体系标准与指南，推动了行业协会根据 CTLVS 制定木材合法性验证团体标准，切实落实 CTLVS 体系的实施。通过 CTLVS 体系的开发和推广应用，中国木材企业的木材合法性意识有所提高，能借助 CTLVS 验证标准体系及其尽职调查体系，建立起原料追溯和管理体系，保证原料来源的合法性，以充分满足国际市场的要求。目前该体系处于初期阶段，其推广应用的范围狭窄，对于不同类型林业企业的适用性仍需加强。

10.1.4.3　各利益相关方加强森林治理的意识提高

自木材合法性这一概念进入中国后，可以看到，中国各利益相关方对木材合法性的意识有了很大程度的提高，将合法性进程推进到法律法规修订、开展国际合作、提高能力建设的新阶段。中国木材合法性工作有了长足的进展。

在政府层面，中国政府坚决反对非法采伐及其相关贸易，在森林治理和法规制定方面，越来越强调木材合法性，并且制定了多项具体举措，有力保障了国产材的合法性。在国际上的立场非常明确，强调通过良好的森林治理，推动森林可持续经营，以保证木材来源的合法性。目前，中国政府也在考虑加强进口木材的管控，保证进口木材的合法性，助力全球木材合法性努力。

在企业层面，木材生产和贸易企业对木材合法性有了更深刻的认识。越来越多的企业或为了应对国际市场木材合法性要求，或出于提升企业形象的考虑，加大在低风险国家的木材采购，减少了高风险热带木材的采购。同时，或通过森林认证，或建立自己的尽职调查体系，保证木材合法性。至 2019 年，中国通过 FSC 产销监管链（CoC）认证的企业已超过 7000 家。同时，中国最大的 2 家全国性木材行业协会为了满足会员的需求，在国家林业和草原局林产品国际贸易研究中心支持下制定了自愿性的木材合法性验证团体标准，为会员企业提供木材合法性验证服务。

同时，越来越多的科研机构和非政府组织也加强了木材合法性的研究。中国林业科学研究院林业科技信息研究所建立专门团队，从事木材合法性研究、提高企业意识、技术开发与支持方面的工作，并与生产国和消费市场的相关机构建立了紧密的联系和合作。在此过程中，世界自然基金会（WWF）、永续全球环境研究所（GEI）等国内外非政府组织也积极参与木材合法性能力建设和意识提高等活动。

10.2　面临的挑战

10.2.1　中国尚未针对进口木材合法性制定相关政策

印度尼西亚已建立实施木材合法性保证体系，在保证合法木材生产与贸易方面取得了显著的成效，同时通过多种机制促进与欧盟、澳大利亚、加拿大、英国等国家的木材合法性合作。这些国家都出台了木材合法性相关法律法规，要求进口木材及木材产品必须满足木材合法性要求，禁止非法采伐木材进入国内市场。

在中国，虽然国产材受到了严格的监管，具有较低木材合法性风险，但在大量进口木材中，有不少来自于非法采伐高风险国家，这使得中国进口木材具有较高的风险性。然而，中国现有的木材合法性相关政策法规并没有对进口材的合法性进行明确有效的管控。印度尼西亚各利益相关方因此认为，在中国没有出台进口材合法性相关政策法规的情况下，中国—印度尼西亚开展木材合法性互认的时机还不成熟。

10.2.2 中国—印度尼西亚森林治理合作缺乏顶层设计和突破口

中国—印度尼西亚自签署合法备忘录后，开展了一系列的合作活动，包括林业援外培训合作、非法采伐及贸易信息交流等。但总体而言，这些合作是零星的、零碎的，不能形成一个有机整体。缺乏全面系统的顶层设计，致使中国—印度尼西亚迟迟不能将林业合作需求转化为现实行动。

与欧美、日本和韩国对印度尼西亚的林业合作有所不同的是，中国对印度尼西亚的林业合作，存在着目标不明确、定位不确定、方向不清楚等问题，缺乏整体的设计。中国—印度尼西亚林业合作虽然也涉及能力建设、技术支持、合作交流等内容，但这些合作没有在一个整体的框架下实施，且目标各异，无法形成一个合力，甚至有时候还产生互相消减的负面作用，不利于取得良好的合作效应，也无法对印度尼西亚林业相关利益方产生较重要的影响。

同时，中国对印度尼西亚林业合作一直以大而全为特点，合作领域多，合作意愿广，但未能找出一个符合双方利益且符合各自国情林情的一个突破口，针对此突破口设计一个完整的合作框架和机制，并在此框架下设计实施一系列能形成合力、产生较大影响的合作项目。这与欧美等发达国家截然相反。例如，欧盟—印度尼西亚林业合作聚焦于森林执法与施政，通过提升森林治理，减缓气候变化，减少贫困，贡献于全球合法木材贸易。日本印度尼西亚合作更多着眼于林业应对气候变化，主要以森林资源清查技术为核心内容。而韩国则着眼于REDD+，以森林可持续经营特别是人工林可持续经营为主要合作内容。为实现合作目标，这些国家与印度尼西亚合作，针对合作核心领域，设计了一系列合作项目，包括能力建设、技术支持、社区扶贫、多利益方参与等，在印度尼西亚各利益方中留下了较为深刻的痕迹。

因此，在推动中国—印度尼西亚加强森林治理和合法木材贸易合作时，必须要基于双方的合作诉求和现实基础，明确方向和目标，进行顶层设计，将森林治理和合法木材贸易作为优先合作领域，通过建立合作机制与框架，设计相关的合作活动，分步骤、分阶段地从点到面、从合法木材贸易合作到森林治理合作逐渐推进。

10.2.3 中国—印度尼西亚缺少有效的合作机制和实施途径

中国与印度尼西亚自1992年签定第一份合作备忘录以来，到2010年共签署了4份合作备忘录，旨在推动打击非法采伐及其贸易、林业国际合作等方面的双边合作。然而，如何落实备忘录这一问题却迟迟找不到有效解决方案。

一是没有形成林业工作组定期会晤机制。中国—印度尼西亚虽然成立了林业工作组，但没有形成工作组定期会晤机制，造成林业工作组会议的随机性和随意性，多为配合谅解备忘录签署等相关工作，而无法真正发挥林业工作组机制的作用，推动双边林业国际合作。

二是没有形成稳定的联络员机制。虽然双方指定了联络人，却未建立起稳定的联络员制度，没有对联络员调整等相关事宜形成协调机制，无法保证新旧联络人的工作对接。一旦联络人职位调整，双方需要花费大量精力和时间重建联系，无法开展可持续的林业国际合作。

三是没有形成业务部门的项目合作机制。由于业务部门未能及时跟进落实备忘录落实事宜，往往是备忘录在签署之后不能持续推进开展实质性的合作。例如，国际竹藤中心和国家濒危物种进出口管理办公室曾在中国—印度尼西亚林业合作谅解备忘录后，与印度尼西亚对口部门签署了合作备忘录，但这仍是基于备忘录的形式确定合作领域，没有随之建立一个长期的合作机制，时间一长就会因为合作需求和合作信息错位，无法开展有效的林业国际合作。

四是在双方林业部门未能形成高效的内部沟通机制。林业对外合作，特别是合法木材贸易和森林治理具体合作，涉及不同业务部门，在内部无法达成一个统一的意见时，不但会导致内部沟通机制无法形成，还会阻碍林业国际合作的实施与开展。

10.2.4 中国—印度尼西亚合作缺乏长期稳定的资金支持机制

目前，鉴于中国—印度尼西亚林业合作的重要性，不少机构都出资支持双方开展国际合作与交流，不但有部门预算资金支持，还可以申请亚专资、世行、亚行、南南基金等项目资金。然而，如何协调利用多方资金，对具体合作领域进行持续稳定的投入，却是现阶段面临的问题。

首先，在合作机制运行上，中国—印度尼西亚两国政府均没有稳定的部门预算，支持开展机制化的双边林业国际合作。目前更多地还是依靠外部资金来予以支持。但如同印度尼西亚相关政府部门所言，如果中国—印度尼西亚两国要进一步建立双边林业合作机制，开展林业合作，就需要依靠自己的资金，才能保证独立自主的合作。其次，虽然目前有多方外部资金来源可以支持林业合作，特别是合法木材贸易合作，但这些资金多以竞争性资金为主，资金支持期限一般不长，且不能保证是否能获得下一期资金。同时这些资金在支持领域方面也一些限制，例如南南基金以能力建设为主，世行支持性资金以政策制定和能力建设为主要资助领域，澜沧江—湄公河项目有一定的地域限制。因此，这些资金只能作为补充性资金，不能稳定长期地给予专项支持。最后，欧盟、英国等国家与地区对中国和印度尼西亚都提供了较为稳定的资金支持，以开展木材合法性政策研究、技术开发、意识提升等工作。但这些资金的目的性非常强，即促进中国—印度尼西亚开展合法木材生产和贸易，从而保证欧洲市场木材产品的合法性。同时，这种合作资金主要以中国、印度尼西亚国内木材管理为目标，对中国—印度尼西亚合作虽然有所触及，但并不将此作为一个核心关注点。因此，不会对中国—印度尼西亚森林治理合作提供长期稳定的支持。

综上所述，如果中国—印度尼西亚要想真正建立起森林治理和合法木材贸易合作机制，必须以自有预算为主，保证合作机制的正常运行，并且辅以其他资金，开展专项合作项目，才能共同推动双边合作进入机制化、常规化和广泛化的发展轨道。

10.3 合作的需求与关注点

10.3.1 印度尼西亚的需求与关注点

印度尼西亚自建立实施木材合法性保证体系(SVLK)之后,一直以来希望与中国密切合作,加强合法木材贸易,以帮助印度尼西亚切实提升森林治理和森林可持续经营。在此期间,印度尼西亚主要的合作需求与关注点主要包括以下 3 点。

10.3.1.1 中国认可印度尼西亚合法木材证明

自 2013 年起,印度尼西亚开始针对通过验证的合法木材签发 V-legal 证书,并于 2016 年开始针对出口欧盟的木材产品签发 FLEGT 证书。根据印度尼西亚与欧盟的 VAP 协定,凡是持有 FLEGT 证书的木材进入欧盟市场自动被视为符合《欧盟木材法案》要求,不再需要开展尽职调查。

然而,欧盟并不是印度尼西亚最大的木材产品出口目的地市场,仅占印度尼西亚木材出口总额的 9.1%。从实践中看,欧盟对 FLEGT 的认可不能根本性促进所有印度尼西亚林产品生产企业开展木材合法性实践,同时也未对印度尼西亚产品进入欧盟带来显著的影响。由于《欧盟木材法案》的实施,1/3 的欧盟企业表示,热带材在其进口木材中的比例有所下降,而 FLEGT 证书对于企业采购热带木材的积极影响有限(IMM,2019)。由于欧盟市场的需求有限且增长幅度不及预期,因此印度尼西亚迫切需要更多的市场能够接受和认可 V-legal 证书。印度尼西亚家具和手工业协会表示,由于市场上缺乏对深加工产品的 V-legal 证书要求,现有的制度增加了下游产业成本,降低了出口商的国际市场竞争力(Fordaq,2019)。

印度尼西亚各利益方认为,合法木材出口有利于增加国家财政收入,刺激国内林业产业健康有序发展,同时在国际市场上形成良好品牌效果,如果国际市场对合法林产品出口没有要求,将会导致印度尼西亚合法木材出口减少,同时刺激具有价格优势的非法木材产品的出口。这将不利于当地产业链的形成,同时对于合法木材出口形成抑制效果。

为保证森林治理和木材合法性工作的持续性,印度尼西亚希望中国将 V-legal 证书作为进口印度尼西亚木材的必要证明文件。一方面,中国是印度尼西亚林产品的最大、最重要出口市场,如果中国认可 V-legal 证书,会激发印度尼西亚企业遵循 SVLK 体系的内生动力。另一方面,印度尼西亚岛屿众多,执法难度大,虽然实施了 SVLK 体系,但无法避免小部分木材非法出口到其他国家。中国政府认可 V-legal 木材,禁止进口没有持有 V-Legal 证书的印度尼西亚木材及木材产品,可以避免这些非法采伐木材冲击合法木材,从而支持印度尼西亚打击非法采伐和相关贸易的努力,并且利用合法木材产品这一品牌,进一步提升印度尼西亚林业产业的生产水平和国际竞争力。

10.3.1.2 中国制定相关政策保证木材合法性

印度尼西亚为了满足出口木材的合法性,不但建立了木材合法性保证体系,保证国产材生产贸易的合法性,同时还针对进口木材颁发法案,要求所有进口的木材及木材产品必须是合法的。为此，印度尼西亚木材及木材产品进口商必须开展尽职调查，通过在线木材合法性信息系统向印度尼西亚环境与林业部上报木材来源信息，包括树种、来源国、合法性证明文件等。

中国作为印度尼西亚的第三大木材产品来源国，在向印度尼西亚出口时，必须向印度尼西亚的贸易合作伙伴提供木材产品原料和供应链信息。在相关调研中，印度尼西亚各利益方均提到很难向中国供应商索要到相关信息，包括树种、采伐证、运输证、工商执照、关税凭证等信息。此外，中国供应商通常不能有效提供海关 HS 编码，而且中国海关 HS 编码与印度尼西亚海关 HS 编码有所不同。在这种情况下，有时很难开展必要的尽职调查，在通关时常遇到困难。同时，中国进口大量的国外木材，经常使用多种木材原料生产一种产品。由于《中华人民共和国森林法》等法律中并没有明确对进口木材合法性的管控政策，因此并不能保证中国向印度尼西亚出口的木材产品的合法性，特别是原料的合法来源。这导致中国与印度尼西亚很难在现阶段签署木材合法性互认协议。

因此，印度尼西亚利益相关方希望，中国能建立进口木材加强管控体系，鼓励相关企业开展认证，保证出口到印度尼西业的木材产品是合法的。在中国—印度尼西亚均实施合法性保证体系并能充分保证木材产品的合法性之后，双方才能就木材合法性互认进行谈判。但之前，可以针对合法木材贸易建立相关机制，在专家层面开展交流学习与讨论，为木材合法性互认机制的建立奠定基础。

10.3.1.3　帮助印度尼西亚提高和完善森林治理体系

非法采伐及其贸易曾经是印度尼西亚森林的首要威胁，导致森林退化、生物多样性降低，引发政府税收损失和地方冲突。非法采伐和土地用途转化使印度尼西亚热带天然林大幅退化，受到国际社会的批评。

为了遏制非法采伐，印度尼西亚政府采取了多种措施，其森林施政和治理水平不断提升。一方面，改革国内森林管理体系。2001 年年初，印度尼西亚实施区域自治措施，中央政府和地方政府在森林决策中均发挥着重要作用，并且许多其他利益相关方，包括特许权持有者、当地居民、城市居民、环境保护主义者和科学家等也被纳入决策过程中。因此，政府在森林治理方面显现的作用更具协作性。随着参与式的治理方式和相关法规的更新，非法采伐在很大程度上得到了抑制。另一方面，印度尼西亚积极与木材消费市场合作，先后与英国、挪威、中国、日本、韩国、菲律宾和美国签署了旨在打击非法采伐及其相关贸易的双边协议（FAO，2002）。特别是与欧盟合作，建立实施木材合法性保证系统，实现了国内相关政府部门之间以及出口国管理部门与印度尼西亚之间的信息共享和交互核查（EFI EU FLEGT Facility，2012）。

然而，目前印度尼西亚森林治理水平还较低下，主要是因为基层林务人员执法能力和水平不高，亟待提高；林权改革的不彻底导致林权冲突不断；能力建设不足，导致全面推进认证保证森林治理成效这一举措无法落到实处；非法采伐及其贸易时有发生；农业开发等活动导致林地面临用途改变的风险。因此，如何进一步提升森林治理，切实保证森林可持续经营，还需要从加强合法木材贸易入手。如前文所述，中国是印度尼西亚最重要的木材产品贸易国，因此中国对印度尼西亚合法木材的进口，对于印度尼西亚真正实现良好森林治理的目标至关重要。

10.3.2 中国的需求与关注点

10.3.2.1 中国—印度尼西亚合作机制的建设与落实

2002年，中国与印度尼西亚签署了《关于打击林产品非法贸易谅解备忘录》，表明了双方合作打击木材非法采伐和相关贸易问题的共识和意愿。文件指出，双方应在鉴定非法采伐和非法森林产品贸易、支持民间组织、联合开发信息交流体系、交流森林法律法规和执法情况、加强林业部门之间的经济合作以及制定森林可持续发展标准和森林认证等6个领域开展合作。这一协议是中国—印度尼西亚在促进木材合法性方面的纲领性文件。

然而，自签署相关协议以来，除了召开了两次林业工作组会议，再无具体的举措来进一步推动双边林业合作。近年来，由于木材合法性成为全球重要议题，中国与印度尼西亚保持着频繁的技术交流。中国多次派遣代表团赴印度尼西亚调研，了解印度尼西亚木材合法性相关政策措施和SVLK体系运行。同时，中方也多次邀请印度尼西亚林业官员和研究人员来华考察中国森林资源管理和木业发展情况。由于没有具体的机制与政策，这些活动仅限于交流，无法落实成具体的合作项目，特别是森林治理和合法木材贸易合作虽然双方皆有需求，但迟迟无法进入实质性的商议与合作。

因此，相关利益方呼吁，应以合法木材贸易为突破口，融合双方合作需求，推动中国—印度尼西亚林业部门建立实施森林治理和森林可持续经营合作的常规机制，促进双边开展更广泛、更多样的林业国际合作。

10.3.2.2 印度尼西亚认可中国林产品合法性

印度尼西亚SVLK体系全面实现了合法性监管，包括进口木材，即进口商必须针对进口木材开展尽职调查，同时以5种方式的一种来满足木材合法性的要求，包括：①取得FLEGT证书；②第三方供应链风险管控认证证书（FSC、PEFC等）；③国别指南中规定的文件；④生产国出具的权威函件；⑤互认协议中列明的文件。

中国不仅是印度尼西亚林产品的重要出口目的地，也是印度尼西亚最大木材产品来源国，主要向印度尼西亚出口胶合板、家具等深加工林产品。按照印度尼西亚的法律法规，这些从中国出口到印度尼西亚的林产品必须持有能够证明其合法性的文件才能顺利进入印度尼西亚市场。从当前的情况看，由于我国没有与印度尼西亚共同制定国别指南，也没有建立互认机制，且未有一个权威的文件证明出口产品的合法性，因此我国企业仅能通过第三方认证来实现对印度尼西亚市场的出口。一些中小型企业为此不得不调整供应链，开展第三方认证，为此承担了相应的成本。

鉴于此，中国主管部门希望就促进合法木材贸易的便利性与印度尼西亚政府开展磋商，基于中方提出的木材合法性互认机制倡议，与印度尼西亚探索如何开展互认。如果互认在短阶段不能实现，可以根据双方现有政策，采取分步走的形式，制定一个短中长期计划，切实解决双方企业合法木材贸易的需求，提高合法木材贸易的便利性与成本效益。

10.3.2.3 产业市场对接和深度合作

中国—印度尼西亚林产品贸易关系历史悠久，合作前景广阔。2004年，印度尼西亚为了保护森林资源，增加木材在国内的利用率，出台了禁止原木出口的政策。此后，印度尼西亚木材加工业克服了一系列困难，取得了长足的进步，从初加工到深加工逐步发展壮大，加工技术不断提高，产业规模逐渐扩大，现已形成了以纸浆和板材为主体的木材加工产业，为中国市场提供了大量优质的林产品。

为了推动木材加工业的发展，印度尼西亚政府对林产品加工尺寸提出了越来越具体的要求，对板材的规格进行了细致的规定。这些政策的初衷是提高木业整体水平，但一些政策的制定仅基于本国利益考虑，而忽略了产品的最终用途和市场需求。例如，一些大径级印度尼西亚材非常适合中国的古建筑修复和仿古房屋修建，但严格的加工规格要求限制了其在中国市场发挥作用。并且由于印度尼西亚木材加工水平不足，加工精度低，产品误差较大，导致进口到中国的印度尼西亚板材需要二次加工，将参差不齐的板材变成统一的规格材。特别是在印度尼西亚经过倒角和弧边等深加工程序的板材在中国通常会被切掉并重新加工，这导致了严重的资源浪费，拉长了出货周期，提高了产品成本。因此，中国企业希望与印度尼西亚进行深度合作，将市场需求和原材料加工有效对接起来，提高资源利用效率，优化供应链合作。

10.3.2.4 有利于绿色"一带一路"等倡议的推进

中国和印度尼西亚两国自1990年恢复外交关系以来，双边经贸合作全面发展，尤其是近年来中印度尼西亚贸易、投资和工程承包等领域合作发展迅猛。印度尼西亚是"21世纪海上丝绸之路"首倡之地，在习近平主席2013年10月首次提出共建"21世纪海上丝绸之路"之后，中国—印度尼西亚双边关系提升至全面战略伙伴关系，在政策沟通、设施联通、贸易畅通、资金融通和民心相通方面开展了大量工作。投资已成为双边经贸合作的最大亮点。据印度尼西亚方面统计，中国已连续2年成为印度尼西亚第3大外资来源国，2017年中国对印度尼西亚直接投资达34亿美元；连续5年成为印度尼西亚第一大贸易伙伴，双边贸易额达到633亿美元，同比增长18%。

中国长期开展森林可持续经营，森林资源在数量和质量上虽然不断提升，但仍面临着需求缺口。印度尼西亚热带森林资源丰富，森林治理水平在东盟各国中处于领先水平，符合中国进口合法林产品的需求。印度尼西亚是中国热带木材的重要供应国，在未来仍然具有长期提供合法木材的潜力（商务部，2018）。鉴于中国—印度尼西亚林业投资贸易合作需求强劲，加之"一带一路"倡议对绿色这一底色的强调，中国—印度尼西亚林业国际合作可谓前景广阔，不但在政策沟通方面需求增强，而且在贸易畅通、资金融通和民心相通方面具有极大潜力。因此，中国—印度尼西亚林业国际合作要着眼于绿色"一带一路"倡议，利用合法木材贸易这一迫切需要加强合作的领域，建立相关政策机制，逐渐向森林治理、森林可持续经营及其他领域扩展，在扩大合作范围的同时，提升合作质量。

第 11 章

新时代中国—印度尼西亚加强森林治理合作机制

11.1 指导思想

围绕"一带一路"倡议，落实习近平总书记深化同周边国家关系、加强同发展中国家团结合作的要求，在创新、协调、绿色、开放、共享的发展理念的指导下，以可持续发展为目标，切实与印度尼西亚加强森林治理合作，提升森林执法与施政能力，推动合法木材贸易，实现减缓气候变化、减少贫困、生态系统保护等目标，有力保障双方社会经济可持续发展，构建人类命运共同体。

11.2 合作原则

（1）坚持政府主导。充分发挥政府在森林资源和木材进出口依法管理的主导作用，加强双边森林执法与施政合作，规范企业行为，促进合法木材贸易，共同打击非法采伐及相关贸易活动。

（2）坚持市场主体作用。充分发挥市场在促进森林治理和保证合法木材贸易的基础性作用，通过完善政策机制和利益导向机制，积极创造良好的政策环境、体制环境和市场环境，激发市场主体的积极性和创造性。

（3）坚持分步实施。尊重中国和印度尼西亚在森林治理和合法木材贸易的现实情况和现行政策框架，融合双方合作需求，确定短中长期合作计划，分阶段分步骤，扎实推进双边林业国际合作。

（4）坚持互利共赢。尊重和照顾印度尼西亚各方对森林治理和合法木材贸易合作的合理关切，加强与各利益方的合作，共同应对非法采伐这一全球性挑战问题，共同走上绿色发展道路。

（5）坚持国际联动。利用全球打击非法采伐的努力和成果，与其他国家、组织和机构开展三方或多方合作，利用国际社会在打击非法采伐的资金、资金、技术、人才、经验，协调发展推进森林治理和合法木材贸易合作，贡献人类命运共同体的构建。

11.3 合作目标

通过推动构建中国—印度尼西亚森林治理合作机制和木材合法性互认机制的构建，促进双方加快森林可持续经营合作，推动中国对印度尼西亚林业产业投资合作，加快产业合作步伐，在保证印度尼西亚森林资源健康、可持续增长的情况下，为中国企业供给合法可持续的木材原料，形成互补性强、利益共享的产业链和价值链，共同实现林业减贫和区域经济发展的目标。

11.4 合作任务

11.4.1 第一步：建立合法木材贸易合作机制

11.4.1.1 机制建设

成立木材合法性合作专家小组。由中国国家林业和草原局规划财务司和印度尼西亚环境与森林部林产品加工和市场司指定专家团队，成立专家小组。专家小组成员由木材合法性、合法木材贸易和林业国际合作相关专家组成，分别受中国国家林业和草原局规划财务司和印度尼西亚环境与森林部林产品加工和市场司领导。

指定专家小组联络员，加强双边沟通与交流。中国国家林业和草原局规划财务司和印度尼西亚环境与森林部林产品加工和市场司指定业务处处长或副处长为专家小组联络人，负责政策层面的对接。同时，在专家小组层面，分别指定中方联络员和印度尼西亚联络员，就具体技术合作事宜进行工作对接，召集小组成员解决事务性或突发性问题。

11.4.1.2 重点任务

（1）共同制定合法木材互认指南。在中国国家林业和草原局规划财务司和印度尼西亚环境与林业部林产品加工和市场司的指导下，专家小组共同制定合法木材互认指南，包括中国合法木材贸易指南和印度尼西亚合法木材贸易指南。在指南中，明确合法木材定义，确定合法木材的主要标准要求，指定能证明木材合法性的证明文件。凡是符合指南要求的林产品都应被视为合法林产品。

（2）开展合法木材贸易调研。专家小组根据中国—印度尼西亚木材贸易的特点和问题，制定专家小组工作计划，就合法木材贸易相关事项进行调研与追踪。特别是双方贸易数据不一致、印度尼西亚原木出口到中国、印度尼西亚向中国签发的 V-Legal 证书、海关检查等问题，利用专家小组项目资金，开展联合研究，找出问题，提出解决方案，推动双方合作木材贸易。

（3）确定信息通报形式。基于合法木材贸易合作专家小组的机制，双方建立信息通报形式。如果在执法时发现有非法木材贸易或其他问题，专家小组应在主管部门的指导下，跟进情况调查，找出具体问题，向专家小组联络人汇报，并由联络人在履行内部程序后向对方联络人进行通报，共同解决相关问题。

11.4.2 第二步：建立木材合法性互认推进机制

11.4.2.1 机制建设

在合法木材贸易合作机制的基础上，建立木材合法性互认工作组。由中国国家林业和草原局规划财务司、印度尼西亚环境与林业部林产品加工和市场司合作建立跨部门互认工作组，基于前期的工作，推进木材合法性互认机制的建设。工作组由业务主管官员以及海关、商务部、外交部、自然资源部等相关部委官员组成，同时邀请协会、专家和非政府组织代表列席参加，每年召开一次会议。

工作组职责是协调讨论中国—印度尼西亚合法木材互认机制的建设；推动中国—印度尼西亚合法木材互认；讨论处理中国—印度尼西亚合法木材互认中出现的问题；交流森林治理和合法木材贸易相关政策和数据；促进合法木材互认的技术和专家合作。同时，指定木材合法性专家小组继续针对合法木材互认机制建设提供专家支撑服务。

11.4.2.2 重点任务

（1）审议木材合法性指南。根据合法木材贸易专家小组拟定的木材合法性指南，中国国家林业和草原局规划财务司、印度尼西亚环境与林业部林产品加工和市场司分别组织利益方咨询会，根据利益方意见和建议，要求专家小组完成修订。在修订完毕之后，经木材合法性互认工作组审议后，分别报中国国家林业和草原局和印度尼西亚环境与林业部批准，以进入指南互认阶段。

（2）建立合法木材数据交换机制。中国—印度尼西亚双方根据现有的木材贸易数据平台，建立数据交换机制，提供实时查询。印度尼西亚向中方建设的中国—东盟负责的林产品贸易与投资平台提供木材合法性数据中心的查询权限，可以让中方实时查询V-Legal证书的真伪。中国—东盟负责任林产品贸易与投资平台则向印度尼西亚提供权限，实时提供通过风险管控的中国企业及产品，同时允许印度尼西亚查询在平台注册的且已建立有效尽职调查体系的企业，支持印度尼西亚进口商针对中国林产品进口开展尽职调查审核。同时，将中国—东盟负责任林产品贸易与投资平台作为与印度尼西亚开展政策交流的平台，与印度尼西亚指定机构定期开展政策交流，帮助两国企业更好地开展合法木材贸易。

（3）在工作组的基础上建立联合检查小组，监督合法木材贸易的组织实施。基于互认工作组，双方共同建立木材合法性互认实施联合检查小组。联合检查小组由双方政府官员、专家和社会团体组织代表组成，每年两次随机选择一批企业或林产品开展检查，根据检查结果形成年度木材合法性互认机制实施报告，向两国政府通报并向公众公布。将表现良好的企业列入白名单，而不符合互认要求的产品或企业，则列入黑名单，成为重点监测对象，列入年检名单。如发现不符合情况两次以上的，则不得继续从事中国—印度尼西亚木材贸易。

（4）签定互认双边协定。基于木材合法性指南和互认工作机制，由中国国家林业和草原局规划财务司、印度尼西亚环境与林业部林产品加工和市场司签定木材合法性双边协定，将以上工作机制制度化。基于双边协定，中国—印度尼西亚相关单位制定实施措施，落实互认双边协定要求。中国国家林业和草原局与中国海关合作，发布公告，要求印度尼西亚木材及木材产品到中国必须持有 V-Legal 证书，否则视为非法产品。印度尼西亚环境与林业部则通过其进口木材产品申报系统，允许直接进口符合中国指南要求的木材和木材产品，而不需要开展尽职调查。

11.4.3 第三步：构建中国—印度尼西亚森林治理合作机制

11.4.3.1 机制建设

基于中国—印度尼西亚林业合作相关协议、木材合法性工作组、互认工作组机制和工作基础，进一步将合作纵深推进，将合法木材贸易合作推进到森林治理合作，建立中国—印度尼西亚森林治理联络机制。由中国国家林业和草原局、印度尼西亚环境与林业部合作建立加强中国—印度尼西亚森林治理合作委员会，由国家林业和草原局规划财务司和印度尼西亚环境与林业部林产品加工和市场司及双方国际司共同牵头成立。

委员会包括学者专家、企业协会代表、林业社团组织等。委员会的职责是回顾年度森林治理合作情况、提出新的合作战略及行动计划、评议和审批合作项目等。设立委员会秘书处，在委员会休会期间，负责日常联络、行政等工作。秘书处可设立在北京，印度尼西亚可派人常驻北京，负责森林治理合作相关事务的协调工作。秘书处每季度整理分享森林治理合作工作的进展，特别合法木材贸易合作，指定联络员向双方进行通报。联络员还有责任帮助处理中国—印度尼西亚森林治理和合法木材贸易中的突发情况。在此基础上，可考虑将此委员会扩展成中国—东盟加强森林治理和合法木材贸易委员会，秘书处面向东盟各国招募工作人员，但印度尼西亚可以长期占有一个工作名额。

11.4.3.2 具体任务

(1) 建立定期会晤制度。中国—印度尼西亚加强森林治理委员会应定期召开会议，召集双方各利益相关者讨论森林治理合作相关事宜。每年可召开两次常委会会议，一次在年初，一次在年尾。年初会议讨论每年的合作计划，审批合作项目。年尾会议评审项目进展，针对合作情况作出调整，审批合作项目。每3年召开双方林业高层会议，讨论中国—印度尼西亚合作的战略方向和3年行动计划。根据中国和印度尼西亚乃至东盟的林业发展规划、林业合作战略和行动计划，审批由委员会制定的双边森林治理合作战略，并审批3年行动计划。

(2) 确定重要工作领域。双方根据各自的需求和利益，基于本国森林治理面临的挑战和在相关领域的经验，共同确定在加强森林治理和促进森林可持续经营的重要合作领域，以贡献可持续发展目标的实现。在此基础上，利用相关联络、会晤和资金机制，支持开展森林治理实地项目、能力建设项目、技术研发项目等。需要聚焦的主要合作领域包括森林可持续经营模式与技术、森林执法与施政、人工林营建与经营、林业产业及其相关贸易、非木质林产品发展和利用、木质生物质能源、野生动植物保护、湿地合理利用等领域开展交流与合作。

（3）签定中国—印度尼西亚关于加强森林治理合作谅解备忘录。根据2002年和2010年签署的《中华人民共和国政府和印度尼西亚共和国政府关于合作打击非法林产品贸易的谅解备忘录》和《中华人民共和国国家林业局与印度尼西亚共和国林业部关于林业领域合作的谅解备忘录》，针对中印度尼西亚双方对森林治理和合法木材贸易的迫切关注，在充分沟通的基础上，签署中国—印度尼西亚关于加强森林治理合作备忘录，进一步将森林治理合作制度化。

11.5 实施途径

11.5.1 建立国内合法木材贸易政策制度

（1）加强进口木材管理。应基于《中华人民共和国森林法》和《中华人民共和国森林法实施条例》出台《木材进口管理办法》，要求木材进口商开展尽职调查，通过文件收集、现场访谈等方法保证所采购的木材是合法采伐的木材；要求CITES管制木材进口必须依法如实申报；建立木材进口管理平台，主要承担除CITES管制木材以外的其他进口热带木材合法性尽职调查核查工作、数据管理工作、与贸易伙伴国木材合法性管理部门开展数据交换等；建立木材进口白名单与黑名单制度，将合法合规开展热带阔叶材贸易的企业纳入白名单，将违反原料生产国和中国国内法律法规开展非法木材采伐与贸易的企业列入黑名单，两年之类不得从事木材贸易；授权地方林业局查处销售和使用非法来源木材的企业和个人。

（2）逐步建立木材合法来源抽检制度。基于《木材进口管理办法》及《中华人民共和国森林法》等，采取国家林业和草原局规划财务司主导，地方林业局实施的办法，每年不定期开展木材合法来源抽检，建立木材合法来源抽检制度。每年国家林业和草原局规划财务司根据木材特别是热带木材进口和使用情况，选择重点区域的重点木材行业，联合所在省份林业主管部门，针对木材合法来源开展抽检。抽检采取先报后检的方式，采用标准化核查的方式开展。企业必须向当地林业局提交木材的材种、来源国、转口贸易国（如有）、采购量、使用量、损耗率、库存、企业尽职调查体系及其运行情况等信息，再由当地林业局随机开展现场抽检，重点核查企业所报信息是否属实，是否有相关证明材料佐证。如果发现证明文件不齐，要求立即补交；如发现有进口非法采伐木材的，下令限期整改；如发现明知是非法采伐仍然购买使用的或虽已要求整改却拒不整改的，联合工商税务下令停业整改。

11.5.2 建立中国—印度尼西亚合法木材贸易服务平台

（1）构建中国—印度尼西亚合法木材贸易服务平台。由国家林业和草原局负责牵头，与海关、商务等部门合作，依托第三方机构建立中国—印度尼西亚合法木材贸易服务平台，提供技术和业务支持、开展双边贸易数据的交换和管理、协助开展双边木材合法性联合检查、开展企业尽职调查体系核查等。

（2）建立合法木材生产贸易企业及其产品数据库。根据木材合法性互认指南，通过服务平台建立合法木材生产贸易企业及其产品数据库，收集整理通过风险管控的企业及其产品信息；接受企业的注册请求，指导企业建立尽职调查体系，并根据其供应链的风险程度开展在线文件审核或现地核查。数据库与印度尼西亚 SVLK 数据库相衔接，实现实时无缝查询和信息传递的功能。

（3）建立非法木材贸易预警系统。服务平台应跟踪海关、商务部等建立的企业黑红名单，与木材进口企业的白黑名单相结合，凡是列入其他部委黑名单的企业，一律列入平台的黑名单。同时，确定风险指标和阀值，一旦企业尽职调查体系及其相关证据不在正常的阀值之类或提交的印度尼西亚 V-legal 证书信息有误，将自动提醒，平台则随之加强核查，确定具体风险，并要求企业整改。如整改后还不能通过，则列入黑名单，不允许向印度尼西亚出口相关产品。与此同时，相关信息向海关数据库发送。

11.5.3 加强私营部门合作，推动中国—印度尼西亚合法木材贸易和森林治理

（1）加强全国性行业协会的合作。通过合作，共同制定产品生产标准，提高产品生产质量，促进绿色公共产品采购政策的制定，加强森林治理和合法木材贸易。定期召开合作洽谈会，针对双方的需求，确定合作方向，组织企业及相关专家实施合作。促进双方林业龙头企业的合作，通过创新试点，建立透明、合法的供应链，起到示范效应。共同开展产品创新和技术需求调研，基于双方企业的需求，与相关科研机构和大学合作，解决生产中的难点问题，并且通过产品创新，促进林业经济转型升级。共同举办合法木材展销会，向双方企业推荐具有规模优势、合法开展投资贸易、承诺保护森林和可持续利用森林的企业，建立有效的、长期的投资贸易合作关系。

（2）加强省级协会的合作。利用广西、云南、广东等地方协会与印度尼西亚各级协会合作，加强热带阔叶人工林经营管理合作，发展桉树及珍贵树种人工林，推进林业加工业的发展，提高森林经营和利用的效益，在减少原始林采伐的同时，减缓因经济发展、农业开发等原因造成的毁林和森林退化。促进热带阔叶人工林的技术合作，通过协会搭台、专家支持和企业合作的方式，在育苗、栽培、经营管理、采伐利用等方面形成产业链，共同促进双方乡村地区的经济发展。开展非木质林产品生产利用合作，通过技术和管理合作，大力发展社区非木质林产品生产，使农村社区能够在保护森林的同时提高生计，增加收入来源，实现林业减贫的目标。

（3）充分发挥民营企业的作用。促进双方企业与当地林业社区开展合作，在印度尼西亚开展集育苗、栽培、经营、加工等产业链发展，促进当地产业链发展，改善当地林区的生计。在有条件的地区，通过政府牵头，金融机构支持，由企业合作建立加工园区，促进林业加工产业链融合发展，提升生产力和边际效益，提升当地的林业就业，同时有效增加对合法木材的需求，加强木材来源的管控。利用中国林业援外合作相关资金，鼓励中方企业通过产业合作，对当地企业和社区开展森林培育经营和产品加工培训，提升当地林业产业发展水平，增加合法木材的采伐生产与贸易。

（4）强调龙头企业的引领作用。促进中国—印度尼西亚龙头企业的合作，建立规模

以上、具有示范性的林业合作项目，探索产业链合作范例。利用中方资金，在适宜地区开展能源林、碳汇林建设，开展木质能源产品加工合作，满足区域木质能源的需求。在实现生态效益、减缓气候变化等公益效益的同时，探索林业经济的新的增长点，包括碳汇市场交易等。联合双方科研机构人员，开展珍贵树种育种、栽培等方面的科研工作，提供林业科技示范场所，推进双方产学研协同发展。

11.5.4 多渠道筹集资金促进森林治理和合法木材贸易合作

（1）利用政府和部门预算。充分发挥中国—印度尼西亚在加强森林治理和合法木材贸易合作的主体地位，双方通过部门内预算，每年为中国—印度尼西亚关于加强森林治理和木材合法性安排基本工作经费，保证森林治理双边工作组的基本运行。努力争取外交部、国家国际发展合作署、商务部等部门的对外合作资金，利用这些资金促进双边森林治理和合法木材贸易合作，同时通过这些渠道与这些部门加强联系，从而形成全方位、跨部门、多渠道的林业双边合作局面。

（2）争取第三方资金开展多方合作。充分利用三方或多方合作模式，促进中国—印度尼西亚加强森林治理和合法木材贸易合作。继续与欧盟等主要木材消费市场合作，利用其资金、技术和专家网络，与印度尼西亚在森林治理和合法木材贸易方面加强能力建设、技术研究等领域的合作交流。加强与UNEP、UNDP、FAO等联合国机构及其他国际性机构的合作，由中国—印度尼西亚相关机构联合申请国际机构的项目资金，在印度尼西亚开展实地项目，推动政策交流、技术分享及能力发展，促进当地森林治理能力发展。联合申请世界银行、亚行等金融机构资金，支持中国—印度尼西亚森林治理合作，推动森林可持续经营政策制定和实施。

11.5.5 促进森林治理和合法木材贸易合作的能力建设

（1）利用援外人力资源项目提高能力建设。充分利用中国国家国际发展合作署、科技部等部门的援外人力资源项目，根据印度尼西亚在加强森林治理和促进合法木材贸易方面的需求，开设具有针对性的援外培训研讨会。针对印度尼西亚林业政策制定者和非政府组织，提供森林可持续经营政策培训，增进其对全球森林可持续经营发展方向和趋势的理解。为印度尼西亚林业治理人员特别是基层林业工作人员提供培训，切实提高其森林治理理论知识和实践水平。为林业技术人员提供技术培训，提高其支持开展森林可持续经营的能力与水平。

（2）加强林业产业和技术人员的交流合作，联合培养森林可持续经营人才。鼓励林业科研机构和各林业大学，利用科研项目，为印度尼西亚培养森林经营高级人才，包括硕士和博士。引进印度尼西亚林业科研人员到中国参加项目工作，参与中方森林经营科研和生产活动，在实际工作中提高印度尼西亚林业人才开展森林培育、森林经营等科研和实践的能力与水平。鼓励在印度尼西亚投资林业的中资企业联合国内专家共同开展科研项目，对当地林业人员和社区居民提供森林经营的技术培训，提高当地社区的森林经营能力。

（3）合作制定可持续林业相关标准和规范，加大政策影响力度。针对热带人工林建设，组织双方专家，共同制定热带人工林培育标准、经营标准与规范、采伐规程等规范性文件，规范中国和印度尼西亚热带森林可持续经营。共同制定各项热带木材加工标准和技术规范，提高热带林业资源的综合利用率，以减少优质林木的采伐。针对中国—印度尼西亚非木质林产品栽培、加工和利用的特点，合作制定非木质林产品相关标准、实施导则和技术规范，促进非木质林产品的生产加工与贸易，提高当地社区的生计，减少林木采伐。基于中国森林认证体系的各项标准，推动非木质林产品、森林旅游、竹林等认证标准合作，制定适合印度尼西亚资源情况的相关认证标准。

中国—东盟合法木材贸易指南 下篇

在针对海外林业企业的调查中发现，部分中资企业缺乏对当地投资环境、林业管理和法律法规的全面了解，生态环保意识不强，同时也对当地文化和风俗习惯缺乏了解，风险防控意识差，造成了在开展林业贸易与投资过程中，面临着很大的风险，也对中国的国际形象产生了一定的负面影响。与此同时，中国—东盟在开展森林治理和合法木材贸易方面也缺乏统一的政策与行动，致使企业和协会对如何开展木材合法性来源追溯与核查缺少知识与能力。

本篇系统梳理了中国、印度尼西亚及泰国在森林施政与管理、木质林产品进出口管理、现有的木材合法性验证体系、木材合法性要求及证据以及供应链管理等方面的政策及工具，以指导中国和东盟国家开展合法木材采购和贸易。针对中资企业普遍存在的知识空白点，以木材合法性采购指南为实践指导，力图把枯燥的法规条文以可读性较强的形式加以提炼和概括，提高中国—东盟合法木材贸易指南的实用性，更好地满足国际林产品市场的合法性要求，也为进一步加强区域合作提供技术工具和未来合作的途径。

第 12 章

中国木材合法性采购指南

12.1 林业概览

12.1.1 森林所有权

中国的森林资源属于国家所有,由法律规定属于集体所有的除外。对国家所有的森林、林木和林地,集体森林、林木和林地,个人所有的林木与使用的林地,依法发放权属证书。其中,林木所有权、林地使用权可以进行流转。

根据中国第九次森林资源清查(2014—2018 年)数据显示:全国森林覆盖率 22.96%,森林面积 2.20 亿 hm^2,森林蓄积量 175.60 亿 m^3。其中,天然林面积 1.39 亿 hm^2,占 63.55%,人工林面积 7954.28 万 hm^2,占 36.45%。全国林地面积 3.24 亿 hm^2,其中国有林地 1.31 亿 hm^2,占 40.41%;集体林地 1.93 亿 hm^2,占 59.59%;全国森林面积中,国有林 8274.01 万 hm^2,占 37.92%,集体林 3874.24 万 hm^2,占 17.75%,个人所有林 9673.80 万 hm^2,占 44.33%。全国森林蓄积量中,国有林 100.71 亿 m^3,占 59.04%,集体林 25.47 亿 m^3,占 14.93%,个人所有林 44.40 亿 m^3,占 26.03%。

12.1.2 森林利用情况

12.1.2.1 森林功能分类

中国依据森林发挥的主导功能不同,将森林划定为公益林和商品林。公益林由防护林和特种用途林组成,商品林由用材林、经济林和薪炭林组成,见表 12-1。

表 12-1 中国森林分类及数量比例

森林分类	面积/比例	子类别	面积/比例	蓄积量/比例
公益林	1.23 亿 hm^2/57%	防护林	1.01 亿 hm^2/46.20%	88.18 亿 m^3/51.69%
		特种用途林	2280.40 万 hm^2/10.45%	26.18 亿 m^3/15.35%
商品林	9459.73 万 hm^2/43%	用材林	7242.35 万 hm^2/33.19%	54.15 亿 m^3/31.75%
		经济林	2094.24 万 hm^2/9.60%	1.50 亿 m^3/0.88%
		薪炭林	123.14 万 hm^2/0.56%	0.57 亿 m^3/0.33%

12.1.2.2 林产品产量

(1)木材产量。依据《2019年度中国林业和草原发展报告》,2019年,全国木材总产量为10045.85万m^3,比2018年增加1234.99万m^3,同比增长14.02%;木材产量中,原木9020.96万m^3,占89.80%;薪材1024.89万m^3,占10.20%。

(2)锯材、人造板产量。2019年,全国锯材产量为6745.45万m^3,比2018年减少19.33%。人造板产量30859.19万m^3,比2018年增加3.18%。

(3)竹材产量。2019年,全国竹材产量31.45亿根,比2018年减少0.33%。全国大径竹(直径5cm以上)产量为31.45亿根,其中毛竹18.33亿根,其他大径竹13.12亿根;小杂竹7018.00万t。

12.1.3 中国的森林经营管理机构

中国的森林经营管理由国家林业和草原局管辖。国家林业和草原局是自然资源部管理的国家局,为副部级。与森林经营管理相关的主要职责包括:

- 负责林业和草原及其生态保护修复的监督管理。
- 组织林业和草原生态保护修复和造林绿化工作。
- 负责森林、草原、湿地资源的监督管理。
- 负责陆生野生动植物资源监督管理。
- 负责监督管理各类自然保护地。
- 负责推进林业和草原改革相关工作。
- 拟订林业和草原资源优化配置及木材利用政策,拟订相关林业产业国家标准并监督实施,组织、指导林产品质量监督。
- 指导全国林业重大违法案件的查处,负责相关行政执法监管工作,指导林区社会治安治理工作。
- 负责落实综合防灾减灾规划相关要求,组织编制森林和草原火灾防治规划和防护标准并指导实施,指导开展防火巡护、火源管理、防火设施建设等工作。
- 负责林业和草原科技、教育和外事工作,指导全国林业和草原人才队伍建设,组织实施林业和草原国际交流与合作事务,承担湿地、防治荒漠化、濒危野生动植物等国际公约履约工作。

国家林业和草原局机构和部门如图12-1所示。

图12-1 国家林业和草原局机构和部门

12.2 林业法规政策

中国政府制定了有关林地权属、林木采伐、运输管理、木材进出口管理等方面的法律法规,并建立了一系列管理制度。相关法律或法规见表 12-2 所列(包括但不限于这些法律)。

表 12-2 中国林业法律法规汇总

规范内容	法律或法规名称	网址链接
批准或管理木材采伐;林地权属;木材运输	《中华人民共和国森林法》	http://f.mnr.gov.cn/201912/t20191230_2492464.html
	《中华人民共和国森林法实施条例》	http://en.woodlegality.net/forest_laws/iitem_id710_a6y0vetcepdnxq8b4pl8cq8841446120308102.shtml
批准或管理木材进出口	《中华人民共和国海关法》	http://english.customs.gov.cn/Statics/644dcaee-ca91-483a-86f4-bdc23695e3c3.html
	《中华人民共和国对外贸易法》	http://english.mofcom.gov.cn/article/policyrelease/Businessregulations/201303/20130300045871.shtml
	《中华人民共和国货物进出口管理条例》	http://www.mofcom.gov.cn/article/swfg/swfgbf/201101/20110107349108.shtml
禁止或管理在特定区域的木材采伐,比如公园、保护区或保护地	《森林和野生动物类型自然保护区管理办法》	http://www.forestry.gov.cn/main/3950/20170314/459887.html
	《中华人民共和国自然保护区条例》	http://www.gov.cn/gongbao/content/2011/content_1860776.htm
	《中华人民共和国风景名胜区条例》	http://www.gov.cn/flfg/2006-09/29/content_402774.htm
禁止或管理特定树种的采伐或出口	《中华人民共和国进出口货物原产地条例》	http://www.gov.cn/zwgk/2005-05/23/content_240.htm
	《中华人民共和国野生植物保护条例》	http://www.moa.gov.cn/gk/zcfg/xzfg/200601/t20060120_539972.htm
禁止或管理濒危木材或木材产品运输、出口、进口或转口	《中华人民共和国濒危野生动植物进出口管理条例》	http://www.gov.cn/zwgk/2006-05/17/content_282856.htm
获得采伐权须支付的任何形式的费用	《中华人民共和国税收征收管理法》	http://www.gov.cn/banshi/2005-08/31/content_146791.htm

在采伐、进口、出口等环节，应根据《中华人民共和国森林法》《中华人民共和国森林法实施条例》《植物检疫条例》《植物检疫条例实施细则(林业部分)》《中华人民共和国税收征收管理法》《财政部 国家税务总局关于对采伐国有林区原木的企业减免农业特产税的通知》《财政部 国家税务总局关于天然林保护工程实施企业和单位有关税收政策的通知》《中华人民共和国濒危野生动植物进出口管理条例》等法律法规的有关规定开展工作。《中华人民共和国森林法》已由第十三届全国人民代表大会常务委员会第十五次会议于 2019 年 12 月 28 日修订通过，并已于 2020 年 7 月 1 日起实施。

12.2.1 中国木材采伐管理

12.2.1.1 木材采伐申请

根据《中华人民共和国森林法实施条例》第三十条有关规定，申请林木采伐许可证，应提交申请采伐林木的所有权证书或者使用权证书，以及下列规定提交的其他有关证明文件：

- 国有林业企业事业单位还应当提交采伐区调查设计文件和上年度采伐更新验收证明；
- 其他单位还应当提交包括采伐林木的目的、地点、林种、林况、面积、蓄积量、方式和更新措施等内容的文件；
- 个人还应当提交包括采伐林木的地点、面积、树种、株数、蓄积量、更新时间等内容的文件。

12.2.1.2 木材采伐审批

根据《中华人民共和国森林法实施条例》第三十二条，除《中华人民共和国森林法》已有明确规定的外，林木采伐许可证按照下列规定权限核发：

- 县属国有林场，由所在地的县级人民政府林业主管部门核发；
- 省、自治区、直辖市和设区的市、自治州所属的国有林业企业事业单位、其他国有企业事业单位，由所在地的省、自治区、直辖市人民政府林业主管部门核发；
- 重点林区的国有林业企业事业单位，由国务院林业主管部门核发。

12.2.1.3 不得核发采伐证情形

根据《中华人民共和国森林法》第六十条有关规定，有下列情形之一的，不得核发采伐许可证：

- 采伐封山育林期、封山育林区内的林木；
- 上年度采伐后未按照规定完成更新造林任务；
- 上年度发生重大滥伐案件、森林火灾或者林业有害生物灾害，未采取预防和改进措施；
- 法律法规和国务院林业主管部门规定的禁止采伐的其他情形。

12.2.2 税收、费用与使用费

从事木材采伐与出口的单位需遵守相关法律法规，及时向相关林业部门与林业管

理机关提供已缴纳税收、费用与使用费的凭证。这包括但不仅限于增值税与重新造林费。木材供应链上的不同节点均有相应需缴付的费用，费用需在官方证明与许可证颁发时或颁发前完成支付。

- 增值税和其他销售税：《中华人民共和国税收征收管理法》（第一条、第二条、第四条）；
- 收入和利润税：《中华人民共和国税收征收管理法》（第一条、第二条、第四条）。需要缴纳：企业所得税。依据国家税务总局关于印发《税收减免管理办法（试行）》的通知，林业企业在规定情形下享受所得税优惠政策。

12.2.3 木材与木材产品进出口管理

12.2.3.1 进出口企业注册备案

从事木材产品进出口的外贸经营单位需要在商务部注册，并获取中国对外贸易经营者备案登记表。获得该登记表后，外贸经营单位将会得到与其营业执照注册号挂钩的"进出口企业代码"。

外贸经营单位随后需在中国海关注册，获取中国海关注册登记证书。在实际操作中，许多小型外贸经营单位会让代理人为其进出口流程提供协助。在这种情况下，外贸经营单位无需在中国海关注册，而代理人则需在海关注册。

12.2.3.2 进出口许可证申报

进口货物的收货人、出口货物的发货人应当向海关如实申报，交验进出口许可证件和有关单证。国家限制进出口的货物，没有进出口许可证件的，不予放行，具体处理办法由国务院规定。

进口货物的收货人应当自运输工具申报进境之日起 14 日内，出口货物的发货人除海关特准的外应当在货物运抵海关监管区后、装货的 24 小时以前，向海关申报。

进口货物的收货人超过前款规定期限向海关申报的，由海关征收滞报金。进口货物的收货人、出口货物的发货人、进出境物品的所有人，是关税的纳税义务人。

根据《中华人民共和国海关进出口商品规范申报目录（2020年）》，要求申报 8~9 项要素。以下品目 44.03、44.07 项下进口量较大的原木、板材类木材申报要素如下：

44.03 项下用油漆、着色剂、杂酚油或其他防腐剂处理的原木需申报：①品名；②种类（中文、拉丁文属名、拉丁文种名）；③加工方法（用油漆、着色剂、杂酚油或其他防腐剂处理等，是否经纵锯、纵切、刨切或旋切）；④截面尺寸（原木直径或方木宽度厚度）；⑤长度；⑥蓝变、未蓝变；⑦烘干、未烘干；⑧签约日期。

44.03 项下未经防腐处理的原木需申报：①品名；②种类（中文、拉丁文属名、拉丁文种名）；③加工方法（是否经纵锯、纵切、刨切或旋切）；④截面尺寸（原木直径或方木宽度×厚度）；⑤长度；⑥级别（锯材级、切片级等）；⑦蓝变、未蓝变；⑧烘干、未烘干；⑨签约日期。

44.07 项下针叶木板材需申报：①品名；②种类（中文、拉丁文属名、拉丁文种名）；③规格（厚度×宽度×长度）；④加工方法（是否经纵锯、纵切、刨切或旋切）；⑤等级

⑥蓝变、未蓝变;⑦带边皮、不带边皮;⑧烘干、未烘干;⑨签约日期。

44.07 项下热带木板材需申报:①品名;②种类(中文及拉丁学名);③规格(厚度×宽度×长度);④等级。

12.2.3.3 濒危物种进出口管理

根据《中华人民共和国濒危野生动植物进出口管理条例》的规定,国家对纳入现行有效《进出口野生动植物种商品目录》管理范围的野生动植物及其制品实施进出口许可管理。

(1)《濒危野生动植物种国际贸易公约》附录树种进出口管理。

①进口《濒危野生动植物种国际贸易公约》附录树种的规定。从海上引进《濒危野生动植物种国际贸易公约》附录Ⅰ所列物种的任何标本,应事先获得引进国管理机构发给的证明书。只有符合下列各项条件时,方可发给证明书:

- 引进国的科学机构认为,此项引进不致危害有关物种的生存;
- 引进国的管理机构确认,该活标本的接受者在笼舍安置和照管方面是得当的;
- 引进国的管理机构确认,该标本的引进不是以商业为根本目的(《濒危野生动植物种国际贸易公约》第3条)。

从海上引进《濒危野生动植物种国际贸易公约》附录Ⅱ所列物种的任何标本,应事先从引进国的管理机构获得发给的证明书。只有符合下列各项条件时,方可发给证明书:

- 引进国的科学机构认为,此项引进不致危害有关物种的生存;
- 引进国的管理机构确认,任一活标本会得到妥善处置,尽量减少伤亡、损害健康,或少遭虐待(《濒危野生动植物种国际贸易公约》第4条)。

《濒危野生动植物种国际贸易公约》附录Ⅲ所列物种的任何标本的进口,应事先交验原产地证明书。如该出口国已将该物种列入附录Ⅲ,则应交验该国所发给的出口许可证(《濒危野生动植物种国际贸易公约》第5条)。

②允许进出口《濒危野生动植物种国际贸易公约》附录树种的条件和获批要求。

禁止进口或者出口公约禁止以商业贸易为目的进出口的濒危野生动植物及其产品,因科学研究、驯养繁殖、人工培育、文化交流等特殊情况,需要进口或者出口的,应当经国务院野生动植物主管部门批准;按照有关规定由国务院批准的,应当报经国务院批准。

禁止出口未定名的或者新发现并有重要价值的野生动植物及其产品以及国务院或者国务院野生动植物主管部门禁止出口的濒危野生动植物及其产品(《中华人民共和国濒危野生动植物进出口管理条例》第6条)。

进口或者出口公约限制进出口的濒危野生动植物及其产品,出口国务院或者国务院野生动植物主管部门限制出口的野生动植物及其产品,应当经国务院野生动植物主管部门批准(《中华人民共和国濒危野生动植物进出口管理条例》第7条)。

进口濒危野生动植物及其产品的,必须具备下列条件(《中华人民共和国濒危野生动植物进出口管理条例》第8条):

- 对濒危野生动植物及其产品的使用符合国家有关规定；
- 具有有效控制措施并符合生态安全要求；
- 申请人提供的材料真实有效；
- 国务院野生动植物主管部门公示的其他条件。

(2) 进出口濒危野生动植物申请条件。进口或者出口濒危野生动植物及其产品的，申请人应当向其所在地的省(自治区、直辖市)人民政府野生动植物主管部门提出申请，并提交下列材料(《中华人民共和国濒危野生动植物进出口管理条例》第 10 条)：

- 进口或者出口合同；
- 濒危野生动植物及其产品的名称、种类、数量和用途；
- 活体濒危野生动物装运设施的说明资料；
- 国务院野生动植物主管部门公示的其他应当提交的材料。

(3) 进出口证明书的申请条件。申请人取得国务院野生动植物主管部门的进出口批准文件后，应当在批准文件规定的有效期内，向国家濒危物种进出口管理机构申请核发允许进出口证明书。

申请核发允许进出口证明书时应当提交下列材料(《中华人民共和国濒危野生动植物进出口管理条例》第 12 条)：

- 允许进出口证明书申请表；
- 进出口批准文件；
- 进口或者出口合同。

(4) 进出口物种的检验检疫规定。下列各物，依照进出境动植物检疫法和进出口管理条例的规定实施检疫：

- 进境、出境、过境的动植物、动植物产品和其他检疫物；
- 装载动植物、动植物产品和其他检疫物的装载容器、包装物、铺垫材料；
- 来自动植物疫区的运输工具；
- 进境拆解的废旧船舶；
- 有关法律、行政法规、国际条约规定或者贸易合同约定应当实施进出境动植物检疫的其他货物、物品。

12.3　木材合法性管控体系

12.3.1　中国境内的森林认证或合法性验证体系

12.3.1.1　中国森林认证体系

中国森林认证委员会(China Forest Certification Council，简称 CFCC)是中国森林认证体系的管理主体，日常工作由秘书处负责，委员会下设技术委员会和争议调解委员会。

CFCC 由来自政府、科研单位和大专院校、生产企业、社会团体的成员组成，其主要职责：

- 负责组织中国森林认证体系文件的起草、审定与发布;
- 负责中国森林认证体系的运行及管理;
- 负责中国森林认证体系的争议、投诉及申诉;
- 负责中国森林认证体系的推广与宣传;
- 代表中国森林认证体系参与国际交流与合作。

中国森林认证体系已于 2014 年与森林认证体系认可计划(PEFC)实现了互认,得到 40 多个国家的认可,中国森林认证范围包括森林经营、产销监管链、非木质林产品、竹林、森林生态环境服务、碳汇林、生产经营性珍贵稀有物种等领域。目前已发布实施了《中国森林认证森林经营》《中国森林认证产销监管链》2 项国家标准以及《中国森林认证非木质林产品经营》等 23 项行业标准。其中,森林经营认证标准涵盖 118 个指标,产销监管链标准等同采用 PEFC 林产品产销监管链标准。

根据《森林认证规则》的要求,森林认证申请者向有资质的认证机构提出申请,由认证机构按照规定的程序,依照《森林认证规则》附录中的标准,实施符合性评价。

CFCC/PEFC 通过独立的第三方认证审核以确保森林经营活动符合 CFCC/PEFC 社会、经济及环境可持续性基准要求,并通过产销监管链审核对林产品中所含木质原料予以尽责追溯。与此对应,来源于境外的原料,林产品供应商及生产加工企业通过开展 PEFC 或与 PEFC 互认的产销监管链认证并在认证产品上加贴 PEFC 或与 PEFC 互认的标签为木材原料及林产品提供来源合法性、可追溯性及可持续性证明。

12.3.1.2　森林管理委员会

森林管理委员会(Forest Steward Ship Council,简称 FSC)认证体系成立于 1993 年,是全球较大的森林认证机构之一,它为对负责任的森林经营感兴趣的公司和机构提供标准制定、商标保证、认可服务和市场准入的服务。FSC 森林认证包括森林经营认证(FM)和产销监管链认证(CoC)。

森林经营认证,用来肯定森林经营者或所有者的经营活动符合 FSC 森林经营标准的要求。森林经营认证确保了森林经营是按照最高的环境和社会标准进行的。

产销监管链认证是产品从森林,或在使用回收材料时从回收地点到具有 FSC 声明产品,或贴标成品的销售地点的路径,FSC-CoC 认证用以证明组织采购的、加贴了标签的、销售的 FSC 认证的林木材料和林产品来自经营良好的森林、受控来源、回收材料或上述混合来源,以及任何相关的声明是真实的和准确的。

12.3.1.3　中国林产工业协会团体标准—中国木材合法性认定

2017 年 8 月 1 日,中国林产工业协会颁布了《中国木材合法性认定》标准。标准规定了木材合法性认定中涉及的术语和定义、企业木材来源合法性的认定原则、控制方式、认定标识等。标准适用于森林经营单位、木材加工与贸易企业。对于同时具有森林经营和木材加工与贸易的企业,执行本标准的全部内容;对于没有森林经营活动,只有木材加工或贸易的企业执行产销监管链木材合法性标准。

截至 2021 年 3 月,国内已有 63 家企业通过了中国林产工业协会团体标准《中国木材合法性认定》。

12.3.2 其他倡议与风险管控体系

12.3.2.1 全球森林贸易网络(中国)

全球森林贸易网络(中国)(GFTN-China)是全球森林贸易网络(GFTN)在中国(包括香港和台湾)的分支机构,成立于2005年。把推动合法采伐和可持续的森林经营作为企业发展战略的在华林产品企业都可以成为GFTN-China的成员。GFTN-China为成员提供一个重要的平台,实践他们对负责任的林产品生产和原料采购的承诺。在中国及其木材和纤维供应国,GFTN-China的工作是促进和改善珍贵和受威胁森林的管理,遏制非法采伐。GFTN-China通过培训、宣传、实地评估、市场考察等一系列活动鼓励更多认同合法木材贸易企业加入GFTN-China。

12.3.2.2 林产品贸易与投资国家创新联盟

林产品贸易与投资国家创新联盟(以下简称联盟),英文名称为"China Responsible Forestry Trade and Investment Alliance",英文缩写为"China RFA"。联盟于2019年经国家林业和草原局批准设立,由在中国大陆境内具有独立法人资格的从事林产品生产、贸易和加工的企业以及有关科研院所、高等院校、协会和其他机构组成,是林产品贸易与投资领域的全国性政产学研协同创新和服务平台。联盟的宗旨:坚持"平等互助、科技引领、协同创新、绿色发展"的基本理念,整合资源,发挥优势,共同打造政产学研协作平台,促进林产品贸易投资理论、标准、模式、技术、政策和机制创新,推动技术创新与产业发展的深度融合,构建可持续的林产品供应链,促进中国负责任林产品贸易与投资的发展。该联盟为会员提供木材合法性尽职调查服务,并收录了中国境内开展负责任企业的会员名单,包括FSC、CFCC/PEFC认证、木材合法性验证或尽职调查的企业名单,并开发了中国木材合法性在线风险评估平台,其网址是http://www.chinarfa.cn/。

12.3.2.3 中国纸制品可持续发展倡议

中国纸制品可持续发展倡议(简称CSPA)是由世界自然基金会(WWF)与中国林业产业联合会共同发起。首批响应中国纸制品可持续发展倡议的企业涵盖了中国纸与纸浆行业全产业链上的10家本土及国际企业,包括中国最大的国营纸企中国纸企,最大的民营纸企太阳纸业,还包括金伯利、国际纸业、芬欧汇川、斯道拉恩索、Fibria以及惠普、富士施乐、宜家这样的国际知名企业。倡议要求成员企业通过一系列措施来生产和购买负责任的纸制品,以快速提高认证和再生纸制品的供应和需求。这些措施包括:以溯源的供应链管理来减少非法来源纤维;以负责任的森林管理来实现森林保护;通过推动消费者对认证和再生纸制品消费意识的提升,来激励消费者和厂商对获得可信认证纤维和再生纸制品的需求和供给;通过平台的作用在全球范围内扩大中国负责任纸制品的市场需求。

12.4 合法木材采购指南

12.4.1 木材信息收集

企业在采购木材产品时,要减缓采购非法采伐木材的风险,必须针对采购产品获取足够的相关信息,以评估风险的高低并及时采取措施。需要收集的信息主要包括:

12.4.1.1 树种信息

树种信息是最基本的信息,可以从树种信息判明所采购原料是否为合法生产原料。需要获得树种的通用名和拉丁学名(在树种不易辨识时,拉丁学名的获取尤为重要)。国产材的树种信息可以在采伐许可证的相关文件中查询到,进口材种的树种信息可以在进口木材的原产地证明中查询到。

12.4.1.2 供应链主要信息

本指南中的供应链指从木材来源的森林经加工生产到最终产品的整个生产供应链条。其中,进口材的风险管控体系,可以参考主要东盟国家木材合法性贸易指南。

供应链信息主要包括以下三方面:

(1)来源地合法采伐信息。中国的木材采伐管理实行了较为完善的采伐许可制度,依据《中华人民共和国森林法实施条例》的有关规定,木材采伐要经过木材采伐申请(提交申请采伐林木的所有权证书或者使用权证书,以及规定提交的其他有关证明文件)、木材采伐审批[分别由国务院林业主管部门、所在地的省(自治区、直辖市)人民政府林业主管部门或者所在地的县级人民政府林业主管部门核发]后颁发木材采伐许可证,其中法律中也明确规定了禁止采伐的区域,以及禁止或限制出口树木及其制品、衍生物的规定。通过核实采购木材的采伐许可证木材来核实是否是合法采伐的信息。

(2)原料采购信息。原料采购信息主要包括原料采购量(材积、原木根数、长度等)、发票、税费缴纳凭证等信息。该信息也是追踪整个供应链的合法性关键信息。中国木材及木制品出口管理分为非 CITES 木材出口管理及 CITES 木材出口管理。

①非 CITES 木材出口管理程序。

第一步:生产地或发货人所在地进行出口检验检疫,形成检验检疫电子底账。

第二步:出口货物发货人应当在货物运抵海关监管区后、装货的二十四小时以前向海关申报。

- 检验检疫电子底账;
- 发票;
- 出口许可证件;
- 海关要求的加工贸易手册(纸质或电子数据的)及其他进出口有关单证。

第三步:根据风险甄别结果,海关决定是否进行查验。

第四步:货物放行。

②CITES 木材出口管理程序。CITES 木材出口管理除了遵循以上非 CITES 木材管理的程序之外,还需向国家濒危物种进出口管理办公室申请核发允许进出口证明书。

第一步：需要提交以下材料：
- 允许进出口证明书申请表；
- 国务院野生动植物主管部门的进出口批准文件；
- 进出口合同；
- 身份证明材料；
- 进口后再出口野生动植物及其产品的，应当提交经海关签注的允许进出口证明书复印件和海关进口货物报关单复印件；
- 进口野生动植物原料加工后再出口的，还应当提交相关生产加工的转换计划及说明；
- 以加工贸易方式进口后再出口野生动植物及其产品的，提交海关核发的加工贸易手册(纸质或电子数据的)。

第二步：在核实相关材料后，国家濒危物种进出口管理办公室及或其办事处核发允许进出口证明书。

第三步：出口企业向海关提交允许进出口证明书，以及其他需要向海关提供的材料。

第四步：海关核实后，在报关单上加盖海关放行章。

注：中国进口木材管控体系可参考涉及的东盟国家的木材合法性贸易指南。

12.4.2 禁止贸易树种核查

在开展合法性核查时，树种信息是最基本的信息。中国根据《中华人民共和国森林法》《濒危野生动植物种国际贸易公约》(以下简称《公约》)及《中华人民共和国野生植物保护条例》有关规定，出口国家重点保护的野生植物，或者国际公约限制进出口的野生植物或其制品，审批列表如下：

12.4.2.1 出口
《国家重点保护野生植物名录》(第一批)所列松茸、红松及其制品。

12.4.2.2 进口
(1) 黄檀属物种(*Dalbergia* spp.)、德米古夷苏木(*Guibourtia demeusei*)、佩莱古夷苏木(*G. pellegriniana*)和特氏古夷苏木(*G. tessmannii*)的制品；
(2) 以参展为目的的《公约》附录Ⅰ、Ⅱ、Ⅲ野生植物及其部分和衍生物；
(3)《公约》附录Ⅲ植物及其部分和衍生物。

12.4.2.3 再出口
《公约》附录Ⅰ、Ⅱ、Ⅲ野生植物及其部分和衍生物。

12.4.2.4 进口或出口
(1) 人工培植所获的列入《公约》附录Ⅱ的仙人掌科植物(*Cactaceae* spp.)、芦荟属植物(*Aloe* spp.)、大戟属肉质植物(*Euphorbia* spp.)、棒槌树属植物(*Pachypodium* spp.)、瓶子草属植物(*Sarracenia* spp.)、猪笼草属植物(*Nepenthes* spp.)、石斛属植物(*Dendrobium* spp.)、红豆杉属植物(*Taxus* spp.)及其部分和衍生物。

(2) 人工培植所获的大花蕙兰(*Cymbidium hybrid*)、卡特兰属植物(*Cattleya* spp.)、文心兰属植物(*Oncidium* spp.)、蝴蝶兰属植物(*Phalaenopsis* spp.)、万代兰属植物(*Vanda* spp.)、酒瓶兰属植物(*Beaucarnea* spp.)、仙客来属植物(*Cyclamen* spp.)、火地亚属植物(*Hoodia* spp.)、捕蝇草(*Dionaea muscipula*)、苏铁(*Cycas revoluta*)、鳞秕泽米铁(*Zamia furfuracea*)、天麻(*Gastrodia elata*)、金线兰(*Anoectochilus roxburghii*)、西洋参(*Panax quinquefolius*)、云木香(*Saussurea costus*)、皇后龙舌兰(*Agave victoria-reginae*)及其部分和衍生物。

(3) 采集林业和草原主管部门管理的国家一级保护野生植物审批。

12.4.3 风险防控流程

所采购企业的木材产品是否取得相关的森林认证或合法性认证。是否获取相关认证也是评估原料来源的一个重要因素，可以辅助评估风险的高低，如图12-2所示。

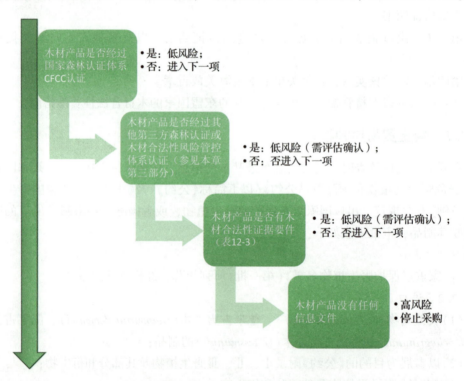

图12-2 从低风险到高风险判定流程

12.4.4 合法性证据要件

此外，为开展木材合法性风险评估，还应收集木材来源的合法性证据，包括森林经营许可、采伐许可、出口许可等，见表12-3。

第 12 章 中国木材合法性采购指南

表 12-3 中国木材合法性要求及证据

合法性要求		适用的法律法规	法定权力机关	合法性证据(包括各种法律文件、记录等)
1 森林经营合法性	1.1 林地权属	《中华人民共和国宪法》(第 2~23 和 26 条); 《中华人民共和国民法通则》(第 80、81、82、83 条); 《中华人民共和国农村土地承包法》(第 2、23 条); 《中华人民共和国物权法》(第 124~126 条); 《中华人民共和国森林法》(第 2 章第 14 条); 《中华人民共和国森林法实施条例》(第 15、34 条); 《林木林地权属争议处理办法》(第 2 条); 《林木和林地权属登记管理办法》(第 3~9 条); 《中华人民共和国农村土地承包经营纠纷调解仲裁法》(第 2~6 条); 《占用征用林地审核审批管理办法》; 《中华人民共和国土地管理法》	中华人民共和国自然资源部; 国家林业和草原局	林权证
	1.2 经营方案	《中华人民共和国森林法实施条例》(第 11~14、28、33 条); 《森林经营方案编制与实施纲要》(试行); 《中华人民共和国森林法》(第 53 条)	国家林业和草原局	获批准的森林经营方案 (国有林业企业和自然保护区开发的森林经营方案,应当经有关林业主管部门批准)
	1.3 合法采伐	《中华人民共和国森林法》(第 55 条); 《中华人民共和国森林法实施条例》(30、31、32 条); 《森林采伐更新管理办法》(第 5、6 条); 《森林采伐作业规程》[第 5(1)条]; 《中华人民共和国刑法》(第 344~345、407 条); 《国家林业和草原局关于进一步改革和完善集体林采伐管理的意见》(第 2、3、5 条); 《国家林业和草原局要求切实做好全面停止商业性采伐试点工作通知》(第 6 条); 《最高人民法院关于审理破坏森林资源刑事案件具体应用法律若干问题的解释》	国家林业和草原局	获批准的采伐规划; 年采伐额度; 采伐许可证; 采伐记录和采伐量记录(要符合林木采伐作业设计和采伐许可证); 国有林业企业需要提交: 林木采伐作业设计(由国有林业企业完成); 上一年森林抚育的验收证书; 其他类型的林业经营单位: 能表现采伐目的、地点、树种、林况、面积、蓄积量和抚育措施的相关文件

(续)

合法性要求		适用的法律法规	法定权力机关	合法性证据(包括各种法律文件、记录等)
1 森林经营合法性	1.4 林业税费	《中华人民共和国税收征收管理法》(第1、2、4条); 《中华人民共和国森林法》(第5条); 《植物检疫条例实施细则(林业部分)》(第26条); 《关于取消、停征和免征一批行政事业性收费的通知》(附录2); 《中华人民共和国植物检疫收费管理办法》(第2、3、5条)	国家林业和草原局	造林资金付款收据; 植物检疫费付款收据
	1.5 环境要求	《生态公益林建设技术规程》[第4(2)条]; 《国家林业和草原局关于完善人工商品林采伐管理的意见》(第14条); 《森林采伐作业规程》[第4(2)条]; 《中华人民共和国环境影响评价法》(第1、2章); 《中华人民共和国森林法》(第21条); 《森林防火条例》; 《森林病虫害防治条例》; 《中华人民共和国水土保持法》(第18~23条)	国家林业和草原局; 国家生态环境部	获批准的森林经营方案; 批准的采伐规划; 国有林需提供：采伐作业设计
		《中华人民共和国森林法》(第6、7条); 《生态公益林建设技术规程》(第5-1B和C); 《国家级公益林区划界定办法》(第7条); 《中华人民共和国自然保护区条例》(2、3、10~12、14~15、18、26~29、32条); 《国家级自然保护区监督检查办法》(3、7、10、13、14、18、19条); 《中华人民共和国野生植物保护条例》(第3章); 《国家级公益林管理办法》(第2~4章)	国家林业和草原局; 国家生态环境部	采伐许可证; 国有林场提供的区域内珍稀、濒危物种名录; 当地林业部门或国有林场提供的生态公益林分布地图
	1.6 健康与安全	《中华人民共和国职业病防治法》; 《中华人民共和国劳动法》(第6~7章); 《女职工劳动保护特别规定》; 《中华人民共和国安全生产法》(第2~3章); 《森林采伐作业规程》(第11、12条,附录C)	人力资源和社会保障部	安全生产培训记录; 事故保险; 特殊职业许可证(如适用); 外包协议(如适用); 事故记录和相关行政程序及措施

(续)

合法性要求		适用的法律法规	法定权力机关	合法性证据(包括各种法律文件、记录等)
1 森林经营合法性	1.7 合法雇佣	《中华人民共和国劳动法》(第3~5、8~9章); 《中华人民共和国劳动合同法》(第3~5、8~9章); 《中华人民共和国劳动保护法》(第16、17、19、25、26、28条); 《中华人民共和国工会法》(第9、10、12、19、20、21条); 《中华人民共和国妇女权益保障法》(第4章); 《劳动保障监察条例》	人力资源和社会保障部; 国家林业和草原局	员工名单; 薪资支付记录; 永久及临时劳动合同; 社保卡:社保卡可作为支付社保和其他保险的证据
	1.8 第三方权利	《中华人民共和国村民委员会组织法》(第3、8、10条); 《人民调解委员会组织条例》(第3、6条); 《中华人民共和国宪法》; 《中华人民共和国民族区域自治法》	《国家林业和草原局》; 国家民族事务委员会	无
2 供应链合法性	2.1 企业合法性	《中华人民共和国公司法》(第6、7、22、23、24、27、77、79条); 《中华人民共和国公司登记管理条例》(第3条); 《税务登记管理办法》; 《中华人民共和国森林法实施条例》(第34条); 《中华人民共和国海关法》(第24条)	国家林业和草原局; 国家税务总局; 国家工商行政管理总局	营业执照; 企业法人证书; 木材经营加工许可证; 对于租用林地从事林业经营的公司:还额外需要林地合同; 外商投资企业批准证书(如适用); 外商投资企业财务登记证(如适用); 出境木制品/木家具生产企业注册登记书(如适用)
	2.2 增值税和营业税	《中华人民共和国税收征收管理法》(第1、2、4条); 《中华人民共和国增值税暂行条例》(第15、20、21条); 《中华人民共和国增值税暂行条例实施细则》(第35条); 《中国人民共和国发票管理办法》; 财政部 国家税务总局《关于调整完善资源综合利用产品及劳务增值税政策的通知》(财税〔2011〕115号); 财政部、国家税务总局《关于天然林保护工程实施企业和单位有关税收政策的通知》	国家税务总局和各级税务机关	增值税和企业所得税发票

(续)

合法性要求		适用的法律法规	法定权力机关	合法性证据(包括各种法律文件、记录等)
2 供应链合法性	2.3 收入和利润税	《中华人民共和国税收征收管理法》(第1、2、4条); 《国家税务总局关于林业税收政策问题的通知》(第2条); 《国家税务总局关于国有农口企事业单位征收企业所得税问题的通知》(第2条,附录1、3、4); 《中华人民共和国企业所得税法》(1、4、27、28条); 《中华人民共和国发票管理办法》; 《中华人民共和国营业税暂行条例》(第1条)	国家税务总局和各级税务机关	年度所得税申报表; 发票和其他证据
	2.4 树种信息	《中华人民共和国海关法》(第42条); 《中华人民共和国海关进出口货物商品归类管理规定》(第6条); 《中华人民共和国森林法实施条例》(第30、35、36、44条); 《野生动植物进出口证书管理办法》(第34条)	中国海关总署; 国家林业和草原局	进出口报关单(不公开); 野生动植物进出口许可证
	2.5 贸易和运输	《中华人民共和国森林法实施条例》(第35、36条); 《植物检疫条例实施细则(林业部分)》(第14条); 《中华人民共和国进出境动植物检疫法实施条例》(第1~4章); 《国家林业和草原局关于规范木材运输检查监督管理有关问题的通知》; 《国家林业和草原局关于进一步加强木材运输管理工作的通知》; 《国家林业和草原局关于完善人工商品林采伐管理的意见》(第2、3、5条)	中国海关总署; 国家林业和草原局	植物检疫证书
	2.6 进口管理	《中华人民共和国海关法》(第9、10、11、18、24、42条); 《中华人民共和国海关进出口货物商品归类管理规定》(第2、11、12条); 《中华人民共和国公司法》(第23、24、27、77、79条); 《关于出口实木复合地板等有关退税问题的通知》; 《濒危野生动植物种国际贸易公约》; 《中华人民共和国濒危野生动植物进出口管理条例》(第2、4、6~8、12、17、18条); 《中华人民共和国进出境动植物检疫法》	中国海关总署; 国家出入境检验检疫局;	进出口权; 经营范围增项(工商局); 对外贸易经营者备案登记表(商务局); 海关进出口货物收发人报关注册登记证书(海关); 自理报检单位备案登记证明书(海关); 注册备案登记(出入境检疫局); 中国电子口岸法人卡及IC卡(电子口岸); 境内机构经常项目外汇账户开立和出口收汇核销登记等(外汇管理局)

(续)

合法性要求		适用的法律法规	法定权力机关	合法性证据(包括各种法律文件、记录等)
2 供应链合法性	2.6 进口管理	《中华人民共和国进出境动植物检疫法实施条例》(第2条); 《野生动植物进出口证书管理办法》	国家林业和草原局濒危物种进出口管理办公室	海关进口所需文件,通常包括: 进口原木检疫证明、濒危物种证明、植检证明、熏蒸证明; 其他,包括提单、合同、发票、箱单等
	2.7 加工	申请企业法人登记,经企业法人登记主管机关审核,准予登记注册的,领取企业法人营业执照,取得法人资格,其合法权益受国家法律保护; 依法需要办理企业法人登记的,未经企业法人登记主管机关核准登记注册,不得从事经营活动(《中华人民共和国企业法人登记管理条例》第3条); 在林区经营(含加工)木材,必须经县级以上人民政府林业主管部门批准; 木材收购单位和个人不得收购没有林木采伐许可证或者其他合法来源证明的木材; 前款所称木材,是指原木、锯材、竹材、木片和省、自治区、直辖市规定的其他木材。(《中华人民共和国森林法实施条例》第34条)	国家林业和草原局	企业法人营业执照
	2.8 出口管理	《中华人民共和国海关法》(第9、10、11、18、24、42条); 《中华人民共和国海关进出口货物商品归类管理规定》(第2、11、12条); 《中华人民共和国公司法》(第23、24、27、77、79条); 《关于出口实木复合地板等有关退税问题的通知》; 《濒危野生动植物种国际贸易公约》; 《中华人民共和国濒危野生动植物进出口管理条例》(第2、4、6~8、12、17、18条); 《中华人民共和国进出境动植物检疫法》; 《中华人民共和国进出境动植物检疫法实施条例》(第2条); 《野生动植物进出口证书管理办法》	中国海关总署; 国家出入境检验检疫局; 国家林业和草原局濒危物种进出口管理办公室	进出口权; 经营范围增项(工商局); 对外贸易经营者备案登记表(商务局); 海关进出口货物收发货人报关注册登记证书(海关); 自理报检单位备案登记证明书(海关); 注册备案登记(出入境检验检疫局); 中国电子口岸法人卡及IC卡(电子口岸); 境内机构经常项目外汇账户开立和出口收汇核销登记等(外汇管理局); 海关出口所需文件,通常包括: 装箱单、提单、发票/数据、海关申报单、完税证明、销售合同、装货单、出口外汇核销单、交货单等; 每个口岸的出入境检验检疫局颁发的植物检疫证书; 原产地证(如适用); 熏蒸证(如适用)

第 13 章

印度尼西亚木材合法性采购指南

13.1 林业概览

13.1.1 森林资源

森林集中分布在加里曼丹、伊里安、苏门答腊、苏拉威西和爪哇五大岛屿。其中，加里曼丹森林面积最大，其次是伊里安、苏门答腊、苏拉威西和爪哇岛。森林资源以阔叶林为主，针叶林主要分布在加里曼丹岛。2008 年，印度尼西亚被吉尼斯世界纪录列为"全球毁林速度最快的国家"。毁林原因：一是乱砍乱伐现象比较严重，印度尼西亚是一个千岛之国，地方分裂主义严重，各个地方部门缺乏有效的沟通和协调，非法采伐没有得到有效的控制；二是由于经济发展水平低、民族组成复杂及监管体制落后，印度尼西亚政府的贪污腐败严重，刺激了毁林和非法采伐活动；三是印度尼西亚原始森林附近居民不仅以森林为家，而且以森林为生，包括开采橡胶，采集草药，种植乡土作物、水果以及藤类植物等人类活动破坏了森林；四是森林火灾的发生。随着气候变化的加剧和旱季延长，森林更容易遭受火灾，从而导致毁林和退化。2011 年，印度尼西亚总统苏西洛·班邦·尤多约诺首次针对 6600 万 hm^2 原始林发布了暂停采伐禁令，之后不断将禁令延期，以期减少毁林后迹地焚烧带来的碳排放。根据管理制度划分，截至 2017 年，印度尼西亚拥有 259 个采伐特许经营单位，天然林采伐特许经营权 1880 万 hm^2，2017 年年产木材 0.54 亿 m^3；293 个人工林特许经营单位，人工林特许经营权 1120 万 hm^2，2017 年年产木材 3.7 亿 m^3；生态系统恢复特许经营权 65 万 hm^2。

根据 1945 年《印度尼西亚宪法》，自然资源属国有。1967 年的《林业基本法》第 5 条规定，国家拥有对森林的控制、经营和管理的权利。但 1960 年《土地法》和 1999 年新的《林业基本法》第 41 条又强调了传统的土地权利。

2015 年环境与林业部（MOEF）合并以后，颁发了 2015 年第 32 号环境与林业部法规条例，将印度尼西亚森林分为国有林、受权限约束林和土著森林。国有林有如下三类：

（1）生产林。包括：①永久生产林：指在许可制度管理下的可长期开展可持续木材生产的国有林；②限伐生产林：主要用于木材生产和水土保持，但受采伐方式和采伐面积的限制；③转换林：指可转换成非林地用于居住区或人工林建设的国有林。

（2）防护林。主要用于维护基本的环境服务和生态系统功能，特别是水土保持，分布在河边、陡坡、水域旁等。

（3）保护林。用于生物多样性和生态系统保护，具体类型包括国家公园、严格的自然保护区、自然游憩园、野生物保护区、重要森林公园和狩猎园等（ETTF，2016）。

13.1.2　林业主管部门

2015年10月，印度尼西亚的林业部和环境部通过第16号总统令合并为环境与林业部（MOEF），负责造林和林业事务、协调保护、防护和利用等3种林业职能。

在遏制非法采伐和非法贸易方面，MOEF及贸易部（MOT）是最重要的主管机构。MOT负责向企业颁发或撤销进口许可；MOEF作为国家木材合法性保证体系（SVLK，又称Timber Legality Assurance System，英文简称TLAS）的主要实施机构，负责建立天然林采伐追踪体系及木材追踪体系，向MOT发布进口建议，并针对可疑案件开展调查。

各级林业部门还承担合法性认定的执法职责。MOEF、省林业办公室和地区林业办公室负责木材供应链监控和相关文件的核查（如年度采伐计划、木材采伐报告、木材资产负债表报告、运输文件、原木/原材料/加工产品资产负债表报告和生产码单）。如发现有不一致处，林业官员可撤销监控文件的核准，并中止运营活动。

林业官员或独立监督方（IM）发现有违规行为，将与认定机构（LV）进行联系。如经核实，LV将中止或撤销已发放的合法性证书。林业官员可根据监管程序采取适当的后续核查活动。

MOEF也接受LV的认定报告复印件，及后续的监督和特殊审核报告。LV、林业官员或IM如发现企业有违法行为，相关部门将根据行政或司法程序进行处理。如果怀疑运营商有违法行为，国家、省和地区主管部门可决定中止或终止运营商的运营活动。

13.2　林业法规政策

早在1945年，印度尼西亚政府就把"合理利用自然资源"明确地写入了《国家宪法》，从国家法律层次上确立了林业的地位。1967年印度尼西亚颁布了《林业基本法》，成为主要的林业法律。此后，相继制定了《环境管理法》《土地改革与自然资源管理法》《国家土地政策框架》等相关法律法规。1999年印度尼西亚颁布了新的《林业基本法》。该法律以加强林业管理、促进社会发展和保障相关利益方权益为目标，明确了森林土地使用权和管理权，允许个人和合作社参与森林相关的商业活动。

13.2.1　采伐管理

在印度尼西亚，森林采伐由MOEF统一规划管理。具体工作包括：划定采伐区；面向所有采伐公司组织公开招标，与中标公司签署采伐合同；签发采伐许可证，并根据伐区的林分结构和立地条件等因素，制定严格的采伐限额；要求采伐公司严格按照采伐限额进行采伐作业，不得超限额采伐等。MOEF定期组织对采伐区的检查；对违反采伐合同者，处以重罚或吊销采伐许可证。

印度尼西亚不同森林的采伐应获得不同的采伐许可证，也有不同的认证要求。

2004年11月，印度尼西亚颁布实施《林业管理条例》，其中规定一家公司在一个省内的森林特许采伐权不得超过10万 hm^2，在全国不得超过40万 hm^2。印度尼西亚政府通过加强对木材采运企业的管理，降低林业公司采伐配额，严格控制林木采伐量，把林业发展的重点转向木材加工工业。2007年，印度尼西亚将包括社区参与等在内的内容纳入全国林业部门的管理职能，目标是建立涵盖全国范围的森林经营单位体系，作为现有林业行政管理体系的补充。这一举措使印度尼西亚林业从原来主要以发放采伐许可证为基础的森林利用管理，转变为以整个生态系统经营为基础，包括森林规划、利用、恢复和保护的综合管理模式。

同时，政府加大执法力度，制止非法采伐和非法走私活动。对各地木材加工企业的原料来源(产地)加强检查，严格控制采伐许可证的发放，关闭以非法采伐原木为原料的木材加工厂。

13.2.1.1 国有林采伐制度

任何进行国有林木材生产的企业，无论是在具有生产性质的天然林还是人工林，都必须拥有政府授予的特许经营许可。对于天然林，特许权最长可达55年，可延期；而人工林特许权最长可达100年，无延期。土地转换特许权持有者(Izin Pemanfaatan Kayu，简称IPK)，根据2007年第6号政府规定，特许权的有效期仅为一年，无延期。

涉及所有木材生产的国有林，不论是天然林还是人工林都专指生产林。根据2007年第6号规则的最新修订版(Peraturan Pemerintah Republik Indonesia Nomor 3 Tahun 2008)，要求所有计划在国有林(天然林和人工林)内生产木材的特许权持有者需制定10年森林经营方案(Rencana Kerja Izin Usaha Pemanfaatan Hasil Hutan Kayu，简称RKU-PHHK)和年度经营计划(Rencana Kerja Tahunan，简称RKT)。年度采伐量通过定期综合森林清单(Inventarisasi Hutan Menyeluruh Berkala，简称IHMB)或周期性综合森林资源清查计算得来。对于土地转换特许权持有者，仅可根据可销售的林分蓄积制定RKT。特许权持有者还需要遵守《濒危野生动植物种国际贸易公约》《生物多样性公约》等国际公约。例如，保护动植物的法规(Undang-Undang Nomor 5 Tahun 1990 Tentang：Konservasi Sumberdaya Alam Hayati dan Ekosistemnyaoleh)规定，许可证持有者在任何情况下都不得采伐、持有和/或出售受保护物种。

基于10年RKUPHHK和RKT规定，天然林和人工林的特许权持有者需要在经营范围内划定保护区，如河岸边缘、种质保护区(Kawasan Pelestarian Plasma Nutfah，简称KPPN)、社区/土著遗址(经济，宗教和历史)、生长和产量的永久样地、野生动物保护地区、种子库网站等。

此外，在木材采伐活动开始之前，根据2012年第5号法规规定，特许经营许可证持有者必须制定和实施环境影响评价，其中包括针对周围社区的社会影响评估，以及林业活动(在天然林、人工林或林地转换过程中)对生态系统、景观、水文、物种组成和野生动植物栖息地的潜在影响。

(1)国有林—天然林采伐。自1989年以来，印度尼西亚将择伐和补植体系(TPTI)作为所有天然林(集中在加里曼丹和巴布亚地区)的主要育林体系。根据此体系，将天然林中的生产林分为多个森林经营单位，每个单位的经营管理基于35年的采伐周期。根据35年的采伐周期，每个森林经营单位又分为35个单元，每年只采伐一个单元。林业部负责确定和批准此单元的年度采伐限额，并且规定每个森林经营单位至少应将700hm^{2}的森林作为保护区。

2005年，为了提高TPTI的适用性与天然生产林的生产力，印度尼西亚林业部推出了以胸径40cm为限和采伐周期25年为标准的新的营林技术，称为集约育林体系（TP-TII）。目前，天然林实施择伐，采伐胸径限制在40cm（生产性林）或50cm（限伐生产林）。

（2）国有林—人工林采伐。针对人工林（集中在廖内/Riau地区）经营，为激励私人和公司企业造林，印度尼西亚政府也制定了相关的造林优惠政策。采用人工更新的皆伐体系（THPB）是印度尼西亚人工林的主要育林体系。与天然生产林择伐体系不同的是，每个森林经营单位人工林的树木轮伐期根据树种种类而定。如柚木人工林的经营周期是40~80年，而相思树和桉树等纸浆林的周期为6~8年。人工林的经营采用皆伐，用来生产纸浆、造纸或能源。

13.2.1.2　私有林采伐制度

私有林（仅在爪哇岛）采伐的法律权属要求较少，因为属于私有土地，且平均所有权面积仅在0.25~1 hm^{2}范围之间。私有土地的治理不属于MOEF，而是隶属于国家土地局（Badan Pertanahan Nasional，简称BPN）管辖，参照第5/1960号农业基本法法案的规定。根据目前的TLAS/SVLK标准，必须有当局的所有权记录，才能在私人土地上进行合法采伐。

13.2.2　运输管理

木材从国有林和私有林运输到工厂时必须附有合法运输文件。合法运输文件附有一个名为供应商验证表的原木清单，其中指定了条形码ID、树种、长度、直径和体积。

如果特许权持有者打算将木材运送到另一个岛屿，那么它必须拥有岛屿间运输许可证（Pedagang Kayu Antar Pulau Terdaftar，简称PKAPT）。

根据1999年第7号政府条例第25条规定，受保护植物的装船或运输需得到部长的许可进行，且必须：①配备认可机构的植物检疫证明书；②按照适用的技术要求进行。

13.2.2.1　国有林运输

（1）国有林—天然林。2015年第43号和2016年第60号木材管理条例规定，对于天然林和转换林，在制定年度运营计划之前，特许权持有者必须对交易品种进行100%伐前登记和贴标条形码，用于记录树木编号、种类、直径、树高和使用Android掌上电脑扫描的树木位置等信息。采伐前库存的结果必须以电子方式记录在清单报告（Laporan Hasil Cruising，简称LHC）中，并上传到MOEF天然林在线管理系统（Sistem Informasi Peredaran Hasil Hutan，简称SIPUHH）。

树木砍伐和装车后，特许权持有者必须对木材进行分类和分级，并将其以电子形式记录在评级测量报告（Buku Ukur）中，然后上传到MOEF的SIPUHH数据库。由于原木装车时的测量被认为是最终测量结果,因此上载的数据将作为适用的税收和特许权使用费的计算基础。

税收和特许权使用费结算之后,特许权持有者将生成一份关于木材生产的报告(Laporan Hasil Produksi,简称 LHP),然后将原木运到堆场。在堆场,所有原木将被堆叠,直到达到驳船的体积。在装运之前,特许权持有者需要在装运期间生成合法运输文件(Surat Keterangan Sahnya Hasil Hutan,简称 SKSHH)。

(2)国有林—人工林。树木一旦砍伐并将其转到最近的原木装车点之后,特许权持有者必须对每棵或者经过长度和重量转换的每组树,进行分类和分级。测量完成后,需要将其记录在评级测量报告中,然后特许权持有者必须结算适用的相关税费,生成生产报告。生产报告每 2 周制作一次,作为生成合法运输文件的基础。

13.2.2.2 私有林运输

对于私人土地,没有要求进行任何采伐前活动。一旦树木砍伐、运输交付,木材需要有一份法律运输文件(Nota Angkutan)。本文件包含土地所有者姓名、种类、数量、目的地、采伐地点位置等信息。土地所有者可以从相关机构免费获得该文件的副本,并根据 2016 年第 85 条和 2017 年第 48 条法规手工填写此表格。但是,为了防止滥用本文件,政府限制了合法运输文件的使用范围。它可以用于爪哇和巴厘的所有私人土地。对于从其他岛屿的私人土地出口木材,范围仅限于 23 种木材种类:柚木、桃花心木、Nyawai、山毛榉、银合欢、朱缨花、金合欢、桐树、榴莲、小种波罗蜜、刺桐、龙贡、莲雾、金龟豆、椰树、Kecapi、核桃、杧果、山竹、买麻、波罗蜜、红毛丹、Randu、人参果、面包树、铁樟木、Waru、橡胶、Jabon、白合欢和巴克豆。

私人森林或社区森林的土地所有者无需获得 TLAS/SVLK 证书。供应商验证表(Dokumen Kesesuaian Pemasok,简称 DKP)即被视为遵守 TLAS/SVLK 的法律证据。

13.2.3 贸易管理

印度尼西亚主管贸易的政府部门是 MOT,其职能包括制定外贸政策、参与外贸法规的制定、划分进口产品管理类别、进口许可证的申请管理、指定进口商和分派配额等事务。贸易相关法律主要包括《贸易法》《海关法》《建立世界贸易组织法》《产业法》等。与贸易相关的其他法律还包括《国库法》《禁止垄断行为法》和《不正当贸易竞争法》等。印度尼西亚政府对于进出口货物有一定的许可制度和管制措施,违反规定者将受到制裁。MOEF 与 MOT 共同作为主管机构,颁布《印度尼西亚木材进口法案》,打击非法采伐木材与相关贸易方面的活动。

13.2.3.1 出口管理

印度尼西亚出口货物分为 4 类,即:

- 受管制的货物:包括咖啡、藤、林产品、钻石和棒状铅。
- 受监督的与林业有关的货物:包括野生动植物和棕榈。
- 严禁出口的货物:包括未加工藤以及原料来自天然未加工藤的半成品、原木、列车铁轨或木轨和锯木等以及受国家保护野生动植物等。

● 免检出口货物。

印度尼西亚通过发放森林执法、治理和贸易(Forest Law Enforcement, Governance and Trade, 简称 FLEGT)证书和 V-Legal 证书来控制和保护木材的合法性，证明出口木材产品符合印度尼西亚合法性标准，对供应链进行适当监控，防止不明来源木材流入合法供应链。V-Legal 证书由 LV 发放。只要欧盟和印度尼西亚双方同意启动 FLEGT 证书发放机制，如货物出口到欧盟，就称为 FLEGT 证书。V-Legal 证书将在木材运到出口地点装货完毕之后发放。

生产商要出口木材产品，必须持有有效的 TLAS/SVLK 证书，并且每批货品必须附有 V-Legal 文件。为了能够收到 V-Legal 文件，出口商需要持有 MOT 颁发的林业产品注册出口商证书(ETPIK)。

1) 许可证管理

获得合法证书的出口商或贸易商可以申请 V-Legal 法律文件，配合其木材产品的出口。如果出口商满足所有要求，许可机构(LA)将起草 V-Legal/FLEGT 许可证并将其上传到许可证信息部门(LIU)管理的 SILK 在线信息管理系统。V-Legal/FLEGT 许可证包括 7 份原始副本，每个 V-Legal 证书都有唯一的号码和二维码。副本分发如下：

● 复本号码 1、2、3 和 5 被发送到出口商。
● 出口商保留第 5 号副本，并将副本号 1、2 和 3 发送给进口商。
● 进口商保留第 3 号副本，并将第 1 号副本发送给主管当局(CA)，并将第 2 号副本发送给目的地国的海关当局。
● LA 保留第 4 号副本。
● LIU 保留第 6 号副本。
● LIU 将第 7 号副本发送给印度尼西亚海关总署国家单一窗口(INSW)。

海关的 INSW 在线平台需要 V-Legal/FLEGT 许可证副本作为出口木材产品的基础文件。产品随附的 V-Legal/FLEGT 许可证必须与 INSW 持有的副本相匹配。CA 需要 FLEGT 许可证的副本才能检查进口商持有的 FLEGT 许可证的真实性。如果对进口商持有的 FLEGT 许可证副本有任何疑问，CA 可以通过专用在线系统与 LIU 核实。LIU 的 SILK 除了向 CA 开放以检查文件的真实性之外，LIU 还向与 FLEGT 许可相关的任何查询开放。

V-Legal 证书所含信息：①许可主管部门/CAB(名称、地址、认可编号)；②进口商身份(名称、地址、进口国、装运港、目的港、V-Legal 许可证编号、有效期、运输方式)；③出口商(名称、地址、纳税识别号)；④产品描述；⑤HS 编码；⑥商品名和学名；⑦原材料来源国；⑧体积/重量；⑨单位编号、签发人签名(章、条码)。

2) 出口许可程序

(1) V-Legal 证书由 LV 按批次为出口木制产品发放，认定机构与出口商保持联系。要获得 V-Legal 证书，企业必须是已经注册的出口商，持有有效的合法性证书。企业应向 LV 申请发放证书，并附上以下相关文件证明木材原料来源于经认定的合法木材：①自上次审核后(最长不超过 12 个月)工厂所接收的所有运输文件的摘要。②自上次审核后(最长不超过12个月)木材/原料资产负债表报告和加工木材资产负债表摘要。

(2)企业或出口商内部追溯系统为木材合法性提供证据,以取得出口许可。该体系最少要覆盖从原材料到锯材厂、再到出口地点整个供应链(初级加工企业的追溯体系最少要覆盖从集材地或贮木场经过所有阶段到出口点的整个运输过程)。

(3)LV接受申请后开展审核:①根据企业提交的运输文件、木材/原料资产负债表和木材资产负债报告的摘要,进行数据校正。②通过分析木材/原料资产负债表报告和加工木材资产负债表,得出每种产品的转换率。③如有必要,在数据校正后,进行现场审核,以确保与V-Legal证书上的信息保持一致。这可通过出口批次样品检查和工厂运营及记录检查来实现。

(4)审核结果:①如果出口商符合合法性和供应链要求,LV就发放V-Legal证书,允许符合以上要求的出口商在产品上或包装上使用符合性标识。出口商按照已编制的《符合性标识使用指南》正确使用标识。②如果出口商不符合合法性和供应链要求,LV将出具不符合报告。

(5)LV应:①在作出审核决定24小时内,将V-Legal证书或不符合报告抄送MOEF。②每3个月向MOEF提交一份综合报告和一份公开摘要,包括证书数量、不符合项数量及类型。

MOEF设立LIU维护V-Legal证书和不符合项报告信息库。一旦有人查询证书的真实性、完整性和有效性时,主管部门将联系LIU进行核实。LIU将与合法性LV保持联系,一旦收到LV的信息,就立刻回复主管部门。

13.2.3.2 进口管理

1)进口木材合法性

为了进一步满足与欧盟签订的自愿伙伴关系(Voluntary Planning Agreements,简称VPA)协议下FLEGT许可的进口管制要求,MOT于2014年颁布了第97号条例,作为管理进出口木材合法性的核心法案,简称《印度尼西亚木材进口法案》。其中,规定了杜绝非法木材进口的总体法律框架,并对进口商提出了针对木制品开展尽职调查的要求,以满足进口木材及其制品的合法性。2016年1月,印度尼西亚进口木材合法性认证机制正式开启,同年11月,印度尼西亚成为第一个发放FLEGT许可证的国家。

MOT和MOEF制定并发布了《尽职调查指南》,要求所有注册的进出口企业及其产业链的所有贸易与加工企业开展尽职调查,在产品进口之前提交进口计划及相关信息。企业在提交的自评中需阐明产品的风险等级。对于运营商在尽职调查中存在造假、丢失TLAS/SVLK许可证,或加工企业或贸易商未按照其产品申报范围进口者,MOEF经过审核可撤销其进口建议,并禁止该进口商于12个月内再次进口。

2)许可证制度

印度尼西亚政府在实施进口管理时,主要采用配额和许可证2种形式。林产品进口只适用于许可证管理。2010年,印度尼西亚开始实施新的进口许可制度,将许可证分为2种,即一般进口许可证和制造商进口许可证。前者主要适用于为第三方进口的企业,后者主要适用于进口供自己生产或使用的进口商。目前,印度尼西亚关税税目中近20%的产品有进口许可要求，涉及对其国内产业的保护，如大米、糖、盐、部分纺织品和服装产品、丁香、动物和动物产品以及园艺产品。

3）林产品进口许可证签发程序

（1）MOT根据MOEF提供的进口建议书颁发进口许可证。

（2）印度尼西亚木材进口商必须进行尽职调查，以获得MOT的进口许可。向MOT申请进口许可证的程序如下：①在申请进口许可证之前，进口商必须申请进入LIU管理的SILK在线信息管理系统，然后将进口申报单（ID）草案上传到LIU的SILK。ID草案包含进口木材/木材产品的数量、供应商的名称、进口木材产品的HS编码和产品描述。②LIU将在得到ID草案后发出ID号码。③ID被接收并得到ID号码后，进口商须上传尽职调查草案（DD）。DD草案包括供应商和接收工厂名单、原产国、装货港、供应国的法规和合法性文件。④进口商通过附有ID号码的MOT的INATRADE在线系统申请进口许可证。进口商还需将ID硬盘上传到INATRADE。⑤LIU将ID数据上传到INSW进行进口检查。⑥INATRADE将IP和ID发送给INSW并下载ID数据。⑦INSW将进口木材数据发送给LIU和INATRADE。

（3）MOT审查申请。如果获得批准，进口许可证在3个工作日内发出，并上传到MOT在线系统/门户网站（即INATRADE）并关联进口清关的海关INSW。

13.2.3.3 海关管理制度

印度尼西亚1973年颁布《海关法》，现行的进口关税税率由印度尼西亚财政部于1988年制定。自1988年起，财政部以部长令的方式发布一揽子"放松工业和经济管制"计划，其中包括对进口关税税率的调整。印度尼西亚进口产品的关税分为一般关税和优惠关税2种。印度尼西亚关税制度的执行机构是财政部下属的关税总局。为促进进出口贸易，改善投资环境，印度尼西亚财政部关税局2009年宣布，决定在部分港口推行和提供每周7日每日24小时的海关和港口服务。

根据印度尼西亚《2009—2012年协定关税表》，到2012年年底，印度尼西亚将对绝大多数的中国进口产品实行零关税，其中包括木材产品。

13.3 木材合法性管控体系

13.3.1 印度尼西亚木材合法性保证体系（TLAS/SVLK）

印度尼西亚与欧盟签署了VPA协议，并据此发展了TLAS/SVLK，于2016年得到欧盟的正式认可。印度尼西亚颁发的《国有及私有林的可持续经营评价及木材合法性认定标准及指南》为TLAS/SVLK及可持续性规划奠定了法理基础，并于2009年颁布了林业部长令，最终促进TLAS/SVLK的建立和实施。

MOEF是TLAS/SVLK的主管部门。TLAS/SVLK中的CAB共有两类：根据可持续性标准对森林经营单位进行审核的认证机构（LP）；根据合法性标准对森林经营单位和林产品加工贸易企业进行合法性认定的LV。LV向投入国际市场的木材产品发放出口证书；对非欧盟市场，签发V-Legal证书，对欧盟市场签发FLGET证书。

TLAS/SVLK 发展的目标：①改善森林治理水平；②在可持续管理的生产林中推广合法木材；③满足对来自可持续经营森林的合法木材和木材产品日益增长的需求。

13.3.1.1　TLAS/SVLK 法律基础和涵盖范围

（1）法理基础。在 TLAS/SVLK 建立过程中，有两份文件具有里程碑的意义：一是《国有及私有林的可持续经营评价及木材合法性认定标准及指南》，该文件为 TLAS/SVLK 及可持续性规划奠定了法理基础，并为提高森林治理、打击非法采伐及其贸易、保证印度尼西亚林产品的可信度，提高产品形象提供了有力保障。二是 2009 年出台的林业部长令（P.38/Menhut-II/2009），该法令在多利益相关方的促进下得以颁布和实施，最终促进 TLAS/SVLK 的建立和实施。

（2）涵盖范围。TLAS/SVLK 合法性标准对国有林和私有林合法性作出了具体规定。

TLAS/SVLK 要求进口木材及木制品必须在海关清关，并符合印度尼西亚进口规定。进口木材和木制品必须附有采伐国证明木材合法性的证明文件。进口木材和木制品一进入印度尼西亚境内，即应被纳入可控的供应链，遵守印度尼西亚的法律法规要求。

TLAS/SVLK 覆盖面向国内和国际市场的木材产品，涵盖所有在不同许可证类型管理下的木材和木制品，包括所有木材贸易商、下游加工企业和出口商的经营活动。所有印度尼西亚林业生产企业、加工企业和贸易商都必须进行合法性验证甚至可持续性认证，包括以国内市场为目标市场的产品。

在进口木材方面，TLAS/SVLK 要求进口木材及木制品必须在海关清关，并符合印度尼西亚进口规定。进口木材和木制品必须附有采伐国证明木材合法性的证明文件。进口木材和木制品一进入印度尼西亚境内，应被纳入可控的供应链。

但是，印度尼西亚规定扣押木材不纳入 TLAS/SVLK 范围内，因此不能对扣押木材发放 FLEGT 证书。对包含回收材料的木材制品，印度尼西亚政府正在制定相关措施，以指导如何在 TLAS/SVLK 体系下处理回收材料的使用问题。

13.3.1.2　TLAS/SVLK 组织结构

为保证 TLAS/SVLK 的实施，印度尼西亚形成了以 LP/LV 为核心的 TLAS/SVLK 组织结构，包括认可机构—国家认可委员会（NAC）、IM、LP/LV—合格评定机构（CAB）、受审核方（业务或管理单位）—木材生产加工企业和政府部门。

TLAS/SVLK 的所有要素都是独立的主体。政府没有直接参与实施 TLAS/SVLK，而是以法律法规执行的方式作为其运作的基础，以协助促进 TLAS/SVLK 实施。

NAC 向 CAB 提供认可，允许他们审核受审核方（林场内和非林场业务或管理单位）。NAC 负责监督评定机构在审核或评估工作中的表现。符合一系列标准的 CAB 可由政府（MOEF）任命，允许其颁发合法性证书或可持续性证书（可持续森林管理-SFM）。NAC 在评估受审核方和颁发证书时、及 CAB 提供认证的过程均由 IM 监督。IM 还监督合法性或可持续性认证受审核方的表现。IM 可以就 CAB、NAC 和政府的认证问题提出投诉。

要获得合法性或可持续性证书，受审核方必须向国家认可委认可的 CAB 申请。根据申请，CAB 为受审核方做出审核计划，且公布计划并咨询相关方。仅当受审核方符合规定的标准时，才会授予证书。只有获得合法证书的行业参与者或交易者才能申请 V-Legal / FLEGT 许可文件。

不同机构在 TLAS/SVLK 体系中的关系如图 13-1 所示。

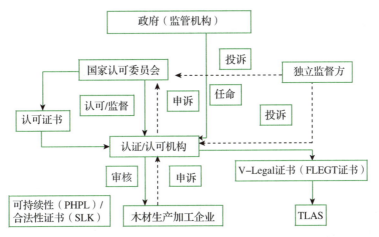

图 13-1　TLAS/SVLK 体系中不同机构的关系（资料来源：中国负责任林产品与投资网，2018）

13.3.1.3　TLAS/SVLK 运行机制

根据欧盟和印度尼西亚签订的 VPA 协议，印度尼西亚 TLAS/SVLK 包含了合法性标准、供应链监管、认定程序、出口许可制度和独立监督五个部分，形成一整套运行机制。TLAS/SVLK 覆盖面向国内和国际市场的木材产品，涵盖所有在不同许可证类型管理下的木材和木制品，包括所有木材贸易商、下游加工企业和出口商的经营活动。所有印度尼西亚林业生产企业、加工企业和贸易商都必须进行合法性甚至可持续性认证，包括以国内市场为目标市场的产品。在进口木材方面，TLAS/SVLK 要求进口木材及木制品必须在海关清关，并符合印度尼西亚进口规定。进口木材和木制品必须附有采伐国证明木材合法性的证明文件。进口木材和木制品一旦进入印度尼西亚境内，即应被纳入可控的供应链。

（1）合法性标准。根据印度尼西亚的合法性定义，木材来源、加工、运输和贸易只要经认定符合所有印度尼西亚适用法律法规，就是合法的。按照这个定义，印度尼西亚 TLAS/SVLK 根据本国林业情况制定了 5 个合法性标准，每个标准包括一系列原则、标准、指标和验证因子，并规定了企业应持有的相关许可证书，以证明木材生产、运输、加工和出口的合法性。这 5 个合法性标准：标准 1 国家生产性森林区域中的特许经营权合法性标准；标准 2 国有生产性森林区域中的社区人工林和社区林合法性标准；标准 3 私有林合法性标准；标准 4 国有非林区木材利用权合法性标准；标准 5 初级和下游林产工业合法性标准；表 13-1 列出了 5 个合法性标准要求的相关木材许可证。

表 13-1　合法性相关许可证类型及适用标准

许可证类型	描述	土地所有权/资源管理或利用	适用合法性标准
IUPHHK-HA/HPH	天然林林产品使用许可证	国有/公司经营	1
IUPHHK-HTI/HPHTI	工业人工林营建及经营许可证	国有/公司经营	1
IUPHHK-RE	森林生态系统恢复许可证	国有/公司经营	1
IUPHHK-HTR	社区人工林许可证	国有/社区经营	2
IUPHHK-HKM	社区林经营许可证	国有/社区经营	2
私有林	不需要许可证	私有/私人利用	3
IPK/ILS	非林区木材利用许可证	私有/私人利用	4
IUIPHHK	初级加工企业成立及管理许可证	不适用	5
IUI Lanjutan or IPKL	深加工企业成立及管理许可证	不适用	5

TLAS/SVLK 也包含了森林可持续经营成效评估标准和指南。森林可持续经营评估利用了森林可持续经营认证来验证受审核方符合相关合法性指标。在国有生产性林区作业的，且通过森林可持续经营的机构要同时遵从合法性标准和森林可持续经营标准。

通过了森林可持续经营审核的许可证持有者可以获得森林可持续经营证书（PHPL）或木材合法性证书（SLK）。对木材企业来说，必须获得 SLK。

（2）供应链监管。特许经营权持有人或私有土地所有人，或贸易、加工和出口公司应证明其供应链的每个环节都受到监控，并按照林业部长令 2006 年第 55 号和 2012 年第 10 号文件要求取得并保存相关证明文件。根据这两部法令的要求，省和地区林业办公室应开展现场核查，并查验供应链各个环节上的各类企业（包括特许权持有人、私有林主、加工企业等）所提供的证明文件的有效性。

MOEF 负责在线审核企业申报的尽职调查声明，并在产品进口后进行具体的核实。同时，MOEF 评估注册运营商在 TLAS/SVLK 门户上传的信息，包括有关进口产品的信息（如采伐国家、品种、产品和 HS 编码），并将尽职调查作为进口商和出口商之间流通木材合法性的文件证据。其他的文件证据必须包括：①FLEGT 许可证；和/或②互认协议（MRA）国家许可，来自具有承认木材合法性和与印度尼西亚贸易的工作协议的国家；和/或③由出口国管治的关于林产品合法性的国别特别准则（CSG）等；和/或④来自 LP 的证书。

供应链上各个企业都必须持有相关的运输文件。企业必须应用适当体系区分已验证木材及木制品和其他来源的木材及木制品，并保存相关记录。供应链各环节上的企业均被要求记录所涉及的木材及木制品是否为 TLAS/SVLK 验证木材。

供应链上的运营商须保存木材及木制品的收货、入库、加工和对外运输的记录，使每个环节之间的数据具有传递性。这些数据必须向省或地区林业办公室公开，以便查验。

（3）木材合法性验证程序。印度尼西亚木材来源、生产加工过程、贸易和运输必须经过验证，符合所有适用法律法规要求，以保证印度尼西亚木材的合法性。由 MOEF

的 LV 开展合规评定，验证符合性。

根据 ISO/IEC Guide 65 和 TLAS/SVLK 指南，合法性验证过程包括以下几个方面（图 13-2）。

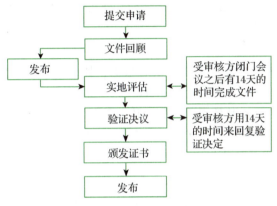

图 13-2　合法性验证程序

申请和签订合同：企业向 LV 提出申请，确定验证范围，提交企业概况和其他必要信息。

验证计划：签订合同之后，LV 准备验证计划，包括审核小组成员、验证计划和验证日程安排。

验证过程：验证审核包括三个阶段：①审核启动会议；②文件审查和现地核查——LV 审核受审核方的内部管理体系和程序，检查相关文件和记录，并开展现地审核；③审核结束会议——向受审核方通报验证结果，特别是不符合项。

报告和决定：审核小组按照 MOEF 提供的模板起草验证报告。审核结束会议后的 14 天内，将报告送达受审核方确认。报告的复印件，包括审核发现和不符合项，都将提交给 MOEF。

LV 根据报告决定验证审核的结果，决定是否发放合法性证书。

如有不符合项出现，LV 将不得发放合法性证书，以避免相关木材流入经认定的合法木材供应链中。如经 LV 在认定过程中发现企业有违反相关程序的现象，LV 将向 MOEF 报告，并经行政或司法程序由主管部门处理。如果企业涉嫌违法，国家、省和地区主管部门可决定终止企业的经营活动。

合法证书的发放和再认证：如果受审核方经认定符合合法性标准的所有指标，包括木材供应链控制条件，LV 将向其发放合法性证书。

LV 随时向 MOEF 报告证书的发放、改变、中止和撤销，并每 3 个月提交一份报告。合法性证书有效期为 3 年，之后由企业申请再认定。

监督审核：获得合法性证书的企业每年要根据认定原则接受一次监督审核。如果认定范围扩大，LV 也要在年审之前安排监督审核。

监督审核小组起草监督审核报告。在监督审核中，如发现不符合项，将中止或撤销证书的使用。

LV 在监督审核时发现有违法行为,将向 MOEF 报告。根据行政或司法程序,对违法行为进行处理。

特殊审核:持有证书的企业在权属、结构、管理和经营方面有任何重大变化,且影响到证书有效期内合法性监控质量时,应向 LV 报告。LV 可开展特殊审核,对独立监督组织、政府机构或其他利益相关方提起的投诉或争议、或影响企业合法性监控质量的任何变化进行调查。

(4) 独立监督。独立监督由林业非政府组织、林区周边社区和个人等社会团体开展,主要评估运营商、LP/LV 是否符合 TLAS/SVLK 要求,包括认可标准和指南。独立监督独立于 TLAS/SVLK 其他组成部分,其主要目标是监督认定活动的开展,以保证 TLAS/SVLK 的可信度。印度尼西亚已正式承认独立监督的作用,允许民间社团组织针对认可、审核和证书发放的违规行为提起投诉。

除了社会独立监督之外,印度尼西亚还采用综合评价和定期评价两种方式对 SVLK 进行评价,保证整个体系的可信度。综合评估由多利益相关方小组开展,主要评审 TLAS/SVLK,确定差距及可能的体系完善。定期评价则是利用独立监督和综合评价的发现和建议进行评价,为 TLAS/SVLK 的运行提供独立的保证,加强 V-Legal 证书的可信度。

印度尼西亚还对 TLAS/SVLK 开展独立技术评估。此类评估一般在发放 V-Legal 证书之前开展。技术评估的目的是检查 TLAS/SVLK 的实际运行,以确定是否传递了期望中的结果;在 VPA 协议签署后,检查对 TLAS/SVLK 的任何修订。评估范围涵盖合法性定义、供应链控制、验证程序、出口许可、独立监督五个方面。

独立监督机构对运营商开展监督,如发现有不合法或违法现象,可依据相关规定向相关部门提起投诉。

13.3.1.4 TLAS/SVLK 的保障

印度尼西亚通过在线管理系统和在线平台实现 TLAS/SVLK 可追溯性和进口木材合法性验证。

(1) 可追溯性。TLAS/SVLK 的可追溯性通过 SIPUHH 和 LIU 的 SILK 实现。其中,SIPUHH 主要应用在森林规划、采伐、运输、原木加工等阶段。LIU 的 SILK 主要应用于贸易阶段。

SIPUHH 主要交换的信息包括:①森林规划:巡视报告、采伐计划、树木身份条形码;②采伐:计数清单、生产/采伐报告、原木身份条形码;③运输:合法性文件、原木清单、原木身份条形码;④第一产业:合法性文件、原木清单、原木身份条形码;⑤加工:合法性文件。

LIU 的 SILK 主要交换 V-Legal 或 FLEGT 证书。

(2) 进口木材合法性在线验证。MOEF、MOT 和海关之间通过门户网站/在线平台之间实现了 TLAS/SVLK 信息交换。MOEF 在线平台主要工作:①进行尽职调查;②签发进口自申报。

根据贸易部 2017 年第 91 令和生产林可持续经营署长令 2018 年第 3 令(402 HS 编

码)的规定，进口商进口木材，首先通过 MOEF 在线平台请求准入权，同时向 MOT 的 INATRADE 请求进口许可；然后通过 MOEF 在线平台向 MOT 在线平台进行进口申报；再通过 MOT 在线平台向进口清关的海关(财政部)的 INSW 发布进口许可。

13.3.2 其他的合法性风险控制体系

1992 年，印度尼西亚发展了本国的森林认证体系——印度尼西亚生态标签研究所(Lembaga Ekolabel Indonesia，简称 LEI)，并与国际体系森林认证体系认可计划(PEFC)合作，发展了印度尼西亚森林认证合作组织(IFCC)体系。

13.3.2.1 印度尼西亚生态标签体系

(1)组织机构。LEI 的最高管理机构是理事会，它是 LEI 总体政策与方向的决策者，由公众人士、非政府组织、政府、私营机构和学术团体的代表组成，目前设有 1 名主席和 7 名成员。下设董事会，负责监督执行委员会的日常活动，它由理事会从理事会内部或外部选举产生，目前有 3 名成员。董事会又下设执行委员会与认证审议委员会。执行委员会负责体系的发展与日常运作，下设体系发展部、认可认证部、培训教育部、财务部以及研究、发展与数据智能部。认证审议委员会作为最高的裁决机构负责处理有关森林可持续经营的争议，由理事会任命。

(2)体系组成。LEI 体系包括天然林认证、工业人工林认证、社区林认证和产销监管链认证几个部分，每部分都包括了科学基础、标准与指标、认证程序、最低要求、决策程序和申诉机制等内容，各部分相对独立，自成一套体系。

此外，LEI 力图建立原木审核体系，作为控制非法采伐的途径。2001 年 LEI 为此举行了两次咨询会，与会者认为应以法律形式发布原木审核体系，以 COC 体系为模板，由独立第三方对所有的森林经营单位和木材加工企业强制执行，并制定鼓励和惩罚措施。

所有体系都坚持以下基本原则：①多方参与认证进程；②在自愿的前提下开展认证；③由独立第三方开展认证；④认证过程透明；⑤认证只是促进森林可持续经营的一种工具。

(3)体系运作。LEI 自身是体系发展机构、认可机构和认证的监督机构。它通过认可认证机构和经过注册的评估员和专家组来认证森林，并认可独立的培训机构开展相关的培训。在 LP 不符合 LEI 的要求之前，LEI 自身可作为 LP 认证森林。LEI 的认证审议委员会负责处理认证中出现的争议。另外，LEI 在主要省区建立了省级联络论坛，以提供当地的审核员和专家组成员，在建立认证监督网络发挥关键作用。

(4)认证标准。在参考了《ITTO 森林可持续经营标准与指标》《FSC 原则与标准》以及《ISO 环境管理体系标准》的基础上，LEI 制定了商品林可持续经营的标准框架，包括 3 个方面 10 个标准。在此框架下，LEI 制定了天然林、人工林和社区林的认证标准的指标。对天然林标准还制定了详细的检验指标、数据来源和检验方法。另外，LEI 还制定了木材追踪体系标准以及林产品标签的标准。

除认证标准外，LEI 还制定了一系列的指南文件，如申诉处理指南，商品林可持续经营的要求指南和工作程序，LP、实地评估员和专家小组的总体要求，认证计划的要求指南和培训程序，实地评估员、专家组、培训员的培训指南，培训机构的标准，以及天然林、人工林和社区林业的认证指南等，以规范体系的运作。

（5）认证程序。LEI 认证过程将信息搜集工作与认证决策分开，并包括多利益方的参与。整个过程分为4个阶段：①实地预评估。通过对实地的了解，为下一步开展更快捷的认证评估作准备，对不具备认证基本要求的经营单位终止认证程序。②实地评估与社区参与。包括：实地评估：由实地评估员根据商品林可持续经营标准与指标进行数据采集和分析处理工作；社区参与：它是实地评估过程的补充，目的是使社区有机会积极参与和提供信息。③绩效评估和认证决策。绩效评估根据实地考察结论、实地评估报告和社区的意见，比较认证标准与森林的实际经营状况，对经营单位进行评估的过程，以作出是否通过认证和认证等级的决定，并对森林经营单位提出建议。④批准并公布认证结果。此阶段是由 LP 批准认证结论并予以公布的过程。森林经营单位将被授予认证证书。LP 将通过各种媒体公布认证结果，并向政府各部门、非政府组织和各种团体通报。

由于大多数森林经营单位的经营水平有限，而森林可持续经营又是一个长期的过程，针对目前的国际趋势，LEI 提出了分阶段认证进程方法，即在一定时间期限内（4年）分阶段完成整个认证过程。它将上述整个认证过程分为两个阶段：第一阶段是满足认证的最低要求，即符合法律和完成预评估；第二阶段是逐步达到认证标准的进程。即通过预评估后，森林经营单位可以自行选择立即进行认证主评估，或者申请分阶段认证进程。阶段评估最长时间为4年，每年可选择一定的标准进行评估，最后达到所有标准的要求。分阶段认证进程将遵循自愿的原则，它不是认证体系本身的一部分，仅用于商业目的。认证过程中将不发放任何证书和标签，但要公布评估报告。

（6）认证监管。为了保证认证结论的可靠性与认证体系的可信性，LEI 通过以下机制对认证进行监管：①监督机制。森林认证的证书有效期为5年。为了控制5年内认证的有效性，LP 将定期对认证的森林经营单位进行监督和评估，以确定其是否仍符合标准与指标的要求。监督由实地评估员、专家组或具有同等资格的人组成的小组执行。监督期限原则上由经营单位的认证等级决定。等级越高，时间越长。如果认证证书为金级，5年内至少开展2次监督；如果为银级，5年内至少3次。监督的结果将影响下次监督的时间与规模。②申诉机制。为确保认证过程对所有各方的透明度，LEI 发展了申诉机制，即任何一方只要对认证过程或认证结论感到不满都可提出不同意见。LP 应根据收集的数据、检验的方法、产生的效益和评估的过程对提出的意见加以解释。

13.3.2.2 森林管理委员会（FSC）

LEI 与 FSC 于1999年开展了联合实地评估，以确定 LEI 标准与 FSC 的一致性。双方签署了谅解备忘录，FSC 同意任何 FSC 认可的 LP 在印度尼西亚开展认证都必须使用 LEI 制定的标准。2000年双方及 LP 签定了联合认证协议，LEI 和 FSC 授权的 LP 根据 FSC 和 LEI 标准进行共同审核，通过联合认证的森林经营单位可以使用 LEI 和 FSC 这两种标签。这说明了 FSC 对 LEI 标准的认可，两个体系可以互相符合对方的要求。

2001 年双方对此协议进行了修订，作为天然商品林评估的技术指南，并愿意扩大双方在人工林认证和产销监管链认证方面的合作。

13.3.2.3　森林认证体系认可计划(PEFC)

1999 年《印度尼西亚共和国森林法》第 41 号条款中提出进行可持续森林经营要求。为实现与国际体系 PEFC 的互认，印度尼西亚于 2011 年 10 月 19 日发起成立了印度尼西亚森林认证合作体系(Indonesian Forestry Certification Cooperation，简称 IFCC)。

IFCC 邀请所有认可 PEFC 森林认证体系的机构或个人成为其会员，共同参与到实现森林可持续经营的工作中来。基于 IFCC 章程，IFCC 的会员可以是组织机构也可以是个人。IFCC 的会员中，每一个组织机构都由一名经正式授权的合法机构的法人代表。到目前为止，IFCC 已经拥有 43 个成员，其中 17 个为组织结构会员，24 个为个人会员。IFCC 也是体系的标准制定机构，负责制订有关森林认证的标准和规范要求，包括森林经营(FM)和产销监管链认证(COC)。

2012 年，IFCC 得到 PEFC 的认可，成为 PEFC 在印度尼西亚的国家管理机构。作为 PEFC 体系的正式成员，IFCC 需履行以下职责：促进森林可持续经营；在印度尼西亚启动和贯彻执行 PEFC 体系的相关政策；在印度尼西亚和国际上，与所有利益相关方建立相互尊重和互利共赢关系。不局限于机构间的合作，沟通和标准公布；与国家认可委员会合作；组织相关专家开展培训活动，并组织专业考试；提升人力资源使用信息和通信技术的能力；提高人们对信息与通信技术方面的公共服务信息的理解能力；发展研究信息与通信技术；通过使用信息和通信技术进行应急响应程序，逐步提高参与受灾地区救援的利益相关方的能力。

自 2012 年 IFCC 加入到 PEFC 以来，一直致力于建立符合 PEFC 准则的印度尼西亚森林经营认证标准。经过一系列的准备、制订和修改工作，IFCC 体系森林经营认证标准于 2014 年 10 月 1 日通过审核，获得了 PEFC 首次认可，认可有效期截至 2019 年 10 月 1 日。

13.4　合法木材采购指南

13.4.1　木材信息收集

进口企业在采购木材产品时，要减缓采购非法采伐木材的风险，必须针对采购产品获取足够的相关信息，以评估风险的高低并及时采取措施。需要收集的信息主要包括树种和供应链信息。

(1)树种信息。树种信息是最基本的信息，可以从树种信息判明所采购原料是否为合法生产原料。需要获得树种的通用名和拉丁学名(在树种不易辨识时，拉丁学名的获取尤为重要)。印度尼西亚进口材种的树种信息可以在进口木材的原产地证明或 V-Legal 证书或 FLEGT 许可证中查询到。根据 TLAS/SVLK 规定，如果一种产品包含多个树种，需要用分号(;)分隔列出每个树种；对于复合产品或包含 3 种以上树种的产品，记录主要树类就足够了。

TLAS/SVLK 列出了受管制的产品范围，如柚木等人工林木材产品都包含在内，这些产品必须经过 TLAS/SVLK 认证且具有 V-Legal 或 FLEGT 许可证才能从印度尼西亚出口。印度尼西亚要向欧盟出口濒危野生动植物种国际贸易公约（CITES）清单的物种产品，既需要 CITES 文件，也需要 FLEGT 许可证。印度尼西亚的 CAB 在 TLAS/SVLK 审核期间验证 CITES 文件。

（2）供应链主要信息。本指南中的供应链指从木材来源的森林经加工生产到最终产品的整个生产供应链条，对于进口企业来说，关键是查验产品的 V-legal 证书或 FLEGT 许可证。

TLAS/SVLK 自 2013 年起生效，并适用于所有印度尼西亚经营者和木材产品。在开始 FLEGT 许可之前，根据印度尼西亚法律，可以通过印度尼西亚政府授权的许可机构颁发的 TLAS/SVLK 合法性证书和用于出口的 V-Legal 文件来进行合法性验证，并证明所有印度尼西亚木材和木材产品的合法性，此时 V-Legal 许可证是证明合法性的印度尼西亚出口许可证。

2016 年 11 月，当欧盟委员会批准 TLAS/SVLK 时，VPA 全面生效。从那时起，印度尼西亚已能够颁发 FLEGT 许可证，FLEGT 许可证替代向欧盟出口的 V-Legal 证书，以验证其出口到欧盟的合法木材产品。FLEGT 许可证格式在印度尼西亚-欧盟 VPA 的附件 IV 中列出。它看起来类似于 V-Legal 许可证文样，但在许可证的右上方清晰地标有"FLEGT 许可证"，并标有"B"字样。印度尼西亚已经研制了 FLEGT 许可证的附件，如果一项许可证下运送了不止一种产品，则将使用该附件。印度尼西亚产品出口到欧盟以外其他市场时，V-Legal 许可证继续发行。

印度尼西亚许可证颁发机构只能将出口许可证（V-Legal 证书或 FLEGT 许可证）颁发给获得 TLAS/SVLK 认证的出口商，为了获得 FLEGT 许可证，出口商向许可颁发机构提出书面申请。发证机构通过核对所提供的数据，并在必要时进行实地考察，以确保与 FLEGT 许可证中指定信息的一致性，来验证运营商合法性证书的有效性。如果运营商不遵守合法性和供应链要求，则许可颁发机构将发布不合规报告中止相关木材和/或木材产品的运输，而不是发布 FLEGT 许可。许可证颁发机构在 MOEF 的 SILK 系统中注册了每个 FLEGT 许可证，该许可证与印度尼西亚的在线贸易和海关系统相关联，以允许快速批准出口和托运货物。印度尼西亚海关批准的出口报关单（"Pemberitahuan Ekspor Barang"或 PEB）具有以下强制性信息：①FLEGT 许可证/ V-legal 许可证编号；②发票编号；③提单编号。发票编号也是 FLEGT 许可证或 V-legal 许可证中的必填信息。根据 TLAS/SVLK 指南中的规定，许可证颁发机构在出口商申请后签发 FLEGT 许可证的时间为 3 天。FLEGT 许可证的有效期为印度尼西亚许可证颁发机构签发后四个月。根据 VPA 的规定，欧盟成员国的 CA 可以使用 SILK 系统。根据 VPA 附件中有关欧盟进口 FLEGT 许可木制品的程序的描述，欧盟 CA 会进行的两种检查：①进行文件检查以确保 FLEGT 许可证的格式正确，日期正确，有效且真实；②根据欧盟成员国海关当局的常规程序进行实物检查，以确保运输批次符合随附的许可证。如果对货物是否符合其相应的 FLEGT 许可证有疑问，则有关 CA 可以要求 VPA 合作伙伴国家进一步澄清。如果对 FLEGT 许可证的有效性存有疑问，可以中止放行，并扣留该货物。

13.4.2 禁止贸易树种核查

当需要从印度尼西亚进口木材或木制品时，必须向供应商索要 TLAS/SVLK 证书，供应商必须为每一单货物提供 V-Legal 许可证。

总体而言，在印度尼西亚，除了被认定为濒危并列入 CITES 附录和/或政府禁伐的树种都是可以砍伐的。

MOEF 2018 年第 20 号令规定了禁止砍伐或保护的树种。

现行法律下禁止出口木材产品请见表 13-2（Australia Goverment，2018）。

表 13-2 印度尼西亚禁止出口的木材产品种类

HS 编码	具体描述
4403	原木，无论是否剥离树皮或去掉边材，还是只进行了简单处理
4404（有除外）	木箍，切割的木杆，削尖但不是沿树干锯开的木桩、木围、木棍等，适合做拐杖、雨伞、工具手柄等的简单加工但没有折弯或其他处理的木杆
4406	铁道或有轨电车轨道枕木
4407（有除外）	沿树的纵向锯开、切割或切片、去皮，超过 6mm 厚的木材，不是刨、磨或末端连接的

13.4.3 风险防控流程

TLAS/SVLK 是建立在国家多利益相关方共识基础上的强制性合法性认证体系，也是印度尼西亚的木材合法性风险管控体系的核心。根据印度尼西亚法律，TLAS/SVLK 足以证明木材的合法性。FLEGT 许可证和 V-Legal 许可证是印度尼西亚的合法性官方证明文件。V-Legal 许可证规定，所运输的木材产品符合印度尼西亚法规和 VPA 规定的合法性和/或可持续性标准以及供应链控制要求。在开始 FLEGT 许可之前，出口到欧盟的带有 V-Legal 许可证的印度尼西亚产品将必须按照欧盟木材法规（EUTR）进行正常的尽职调查程序。自印度尼西亚开始获得 FLEGT 许可证时，FLEGT 许可证替代 V-Legal 许可证向欧盟出口，FLEGT 许可的产品被认为符合 EUTR 要求，无需进行尽职调查。

根据 EUTR 的要求，非 VPA 第三国的任何流程都必须进行尽职调查。在加工国使用 FLEGT 许可的木材生产的产品不能获得 FLEGT 的许可，即在中国使用印度尼西亚 FLEGT 许可的木材制成的桌子并出口到欧盟将不是 FLEGT 许可的产品。首次将此类产品投放市场的欧盟运营商，可以根据 EUTR 的要求开展尽职调查，对供应链进行控制。如果获得 FLEGT 许可证的货物仅在第三国（如中国）运输，并且在第三国时未与任何其他产品混合，则不会影响 FLEGT 许可证的有效性。此外，所采购企业的木材原料是否取得相关的森林认证证书或合法性认证证书也是评估原料来源的一个重要因素，可以辅助评估风险的高低，如图 13-3 所示。

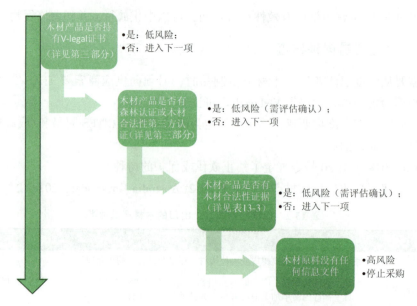

图 13-3　印度尼西亚木材合法性风险管控图

13.4.4　木材合法性要求及证据

为开展木材合法性风险评估，还应收集木材来源的合法性证据，包括森林经营许可、采伐许可、出口许可等，见表 13-3。

表 13-3　印度尼西亚木材合法性要求及证据

合法性标准			适用的法律法规	法定权力机关	合法性证据（包括各种法律文件、记录等）
1 森林经营合法性	1.1 林地权属	天然林	确定森林面积法令	MOEF	(1) 天然林特许经营许可（任何木材生产者都必须持有特许经营许可。最长 55 年，可延期）； (2) 林地开发文件
		人工林	确定森林面积法令	MOEF	(1) 人工林特许经营许可（最长 100 年，不延期）； (2) 人工林许可； (3) 林地开发文件
		私有林		BPN	(1) 持有 B 类或 C 类证书； (2) 国家土地局承认
		其他非林地	木材使用许可证法令	MOEF	(1) 土地转化为非林地的文件； (2) 土地转化许可
	1.2 经营方案	天然林		MOEF	(1) 得到批准的 10 年森林经营方案 RKUPHHK-HA； (2) 采伐前资源清查和树木分布图（1∶1000）； (3) 得到批准的年度经营计划（RKT）； (4) 分级明细（BU）、生产报告（LHP）

(续)

合法性标准			适用的法律法规	法定权力机关	合法性证据(包括各种法律文件、记录等)
1 森林经营合法性	1.2 经营方案	人工林		MOEF	(1)得到批准的10年森林经营方案(RKUPHHK-HT); (2)木材清查; (3)得到批准的年度经营计划(RKT); (4)分级明细(BU)、生产报告(LHP)
		私有林		BPN	运货单
		其他非林地		MOEF	(1)蓄积量清查; (2)得到批准的采伐计划(BKT); (3)分级明细(BU)、生产报告(LHP)
	1.3 合法采伐			森林经营单位	清查报告(采伐前,森林经营单位须进行预清查,并记录所有采伐树木)(LHC)和生产报告(涵盖所有采伐的原木)(LHP)
	1.4 林业税费				(1)森林利用业务许可费(IIUPH)(针对一定的经营区域征收的费用); (2)造林基金(DR)(用于重新造林和森林恢复及支持其活动的资金,向管理生产性天然林的森林特许经营者征收); (3)森林资源费(PSDH)(对森林特许经营者持有的征税,以补偿从国有森林采集的林产品的内在价值)
	1.5 环境要求		《关于环境保护和管理2009年第32号条例》		
2 供应链合法性	2.1 企业合法性		1999年41号《林业法》 2013年18号《印度尼西亚防止和消除森林破坏法》 2016年《林业部长法规》第30号《可持续生产森林经营效能评估和许可证持有者或私有林木材合法性验证法》 2016年第14号《可持续生产森林经营局长法规》和2016年第15号《可持续生产森林经营(PHPL)绩效评估及木材合法性认证(SVLK)实施标准和指南》	独立第三方认证机构	(1)TLAS/SVLK证书(经营单位通过TLAS/SVLK评估后由独立第三方认证机构颁发); (2)V-Legal证书(独立的第三方认证机构向持有TLAS/SVLK证书的出口企业颁发)

（续）

合法性标准			适用的法律法规	法定权力机关	合法性证据(包括各种法律文件、记录等)
2 供应链合法性	2.2 树种信息		《环境与林业部 2018 年第 20 号规定》	MOEF	禁止砍伐或需要保护的树种
	2.3 贸易和运输	天然林		MOEF	(1)合法运输文件(SKSHH)、合法运输文件的附件(DKB)，列出树种、胸径、数量、生产报告号和二维码； (2)原木明细(DHH)
		人工林		MOEF	(1)合法运输文件(SKSHH)； (2)原木明细(DHH)
		社区林		MOEF	运输证明(从社区或原住民的私有林运输木材的证明文件)
	2.4 进口管理		2015 年《贸易部长第 97 号规定》、2018 年《林产品进口第 13 号规定》	MOT	(1)原产地证明 COO； (2)发票、装运清单； (3)进口申请(PIB)
	2.5 加工	初加工企业			(1)工业许可证(IUI)； (2)环境影响评价(AMDAL/UKL/UPL)； (3)岛间木材贸易登记(PKAPT)； (4)原材料使用计划(RPBBI)； (5)TLAS/SVLK 证书
		木材加工木材			(1)合法运输文件(SKSHH)； (2)加工木材明细(DKD)
		深加工企业木材		MOEF	(1)工业许可证(IUI)； (2)环境影响评价(AMDAL/UKL/UPL)； (3)岛间木材贸易登记(PKAPT)； (4)证书(TLAS/SVLK)
		加工木材		MOEF	(1)合法运输文件(SKSHH)； (2)加工木材明细(DKD)
	2.6 出口管理		政府第 34 号《有关林区利用和管理的森林治理和规划使用》法令 76 条森林利用与林地使用规定	①FLEGT 许可证颁发机构； ②出口商； ③货运代理公司； ④海关	(1)V-Legal 许可证/FLEGT 许可证(如果符合合法性要求，FLEGT 证书授权机构为木材产品颁发 FLEGT 证书)； (2)合法运输文件(SKSHH)； (3)加工木材明细(DKD)； (4)出口申请(PEB)； (5)装箱单(具体产品名单)和销售发票(B/L)

13.4.5 林业法律清单

印度尼西亚政府制定了有关林地权属、林木采伐、运输管理、木材进出口管理等方面的法律法规，并建立了一系列管理制度。相关法律或法规见表 13-4 所列（包括但不限于这些法律法规）。

表 13-4　印度尼西亚林业法律法规

规范内容	法律或法规名称及来源	
批准或管理木材采伐；林地权属；木材运输	《印度尼西亚林业法》	http://theredddesk.org/sites/default/files/uu41_99_en.pdf
	《印度尼西亚林区使用条例》	http://extwprlegs1.fao.org/docs/pdf/ins97617.pdf
	《印度尼西亚林业利用计划》	http://www.cifor.org/ilea/Database/dataijin/PP_6_2007.pdf
	《印度尼西亚关于森林架构、制订森林管理计划、森林利用和林区使用的条例》	http://gftn.panda.org/gftn_worldwide/asia/indonesia_ftn/
	《印度尼西亚财政部关于采伐许可证持有者进口和使用林业机械设备的规定》	http://extwprlegs1.fao.org/docs/pdf/ins103221.pdf
	《印度尼西亚关于私人森林木材运输的信函》	
	林业部1999年文件，关于各类调查、测量等的执行程序	
批准或管理木材进出口	《印度尼西亚海关法》	http://www.flevin.com/id/lgso/translations/JICA%20Mirror/english/7201_UU_17_2006_EN.html
	《印度尼西亚贸易法》	
	贸易部2008年文件，关于林产品的条款	http://www.flevin.com/id/lgso/translations/JICA%20Mirror/english/4464_20_M-DAG_PER_5_2008_e.html
	政府第34号"有关林区利用和管理的森林治理和规划使用"法令	http://www.bkprn.org/peraturan/the_file/PP_34-2002_TataHutan.pdf
	海关出口通知/BC/2008/2009/2012	
	《印度尼西亚林产品出口条例》	http://www.flevin.com/id/lgso/translations/JICA%20Mirror/english/3163_09_MDAG_PER_2_2007_e.htm；http://www.flevin.com/id/lgso/translations/JICA%20Mirror/english/095.NO.%20666%20KMK.017%201996%20ing.html
	财政部1992年文件，关于关税、出口退税和出口补税	

(续)

规范内容	法律或法规名称及来源	
禁止或管理在特定区域的木材采伐，比如公园、保护区或保护地；禁止或管理特定树种的采伐或出口；禁止或管理木材或木材产品运输、出口、进口或转口	《印度尼西亚防止和消除森林破坏法》	http://extwprlegs1.fao.org/docs/pdf/ins97643.pdf
	《印度尼西亚森林保护条例》	
	《印度尼西亚林业部关于防护林区和用材林区管理规范、标准、程序和指标的规定》	http://extwprlegs1.fao.org/docs/pdf/ins99751.pdf
	环境与林业部2015号第42号文件，关于来自人工林地的木材	http://extwprlegs1.fao.org/docs/pdf/ins165436.pdf
	林业部法规2012年第45号文件，可持续森林经营和合法性评估标准和程序	http://ifcc-ksk.org/documents/documents/regulation/P45_SVLK.pdf
	林业部法规2009年文件关于REDD，涉及森林经营方案、生态系统恢复	https://theredddesk.org/sites/default/files/minister_of_forestry_regulation_on_redd_procedure_p_30_2009.pdf
	林业部2009年第36号文件，关于林业碳汇商业利用的许可程序	https://theredddesk.org/sites/default/files/2009_minister_of_forestry_decree_no._36.2009.pdf
	林业部法规2008年文件，关于人工林森林经营方案和社区人工林管理	
	林业部2007年文件，关于REDD活动示范	http://extwprlegs1.fao.org/docs/pdf/ins143982.pdf
	林业部2006年文件，关于国有林地林产品管理	
	林业部2007年文件，关于天然林生产、林业资源利用和恢复的收费指南	
	林业部2011年文件，关于木材利用许可证（IPK）	
	《印度尼西亚环境保护法》	http://extwprlegs1.fao.org/docs/pdf/ins97643.pdf
	《印度尼西亚关于木材利用许可的法令》	
	VI/BPHA/2009号文件，关于特许经营林地造林指南	
	《印度尼西亚动植物保护条例》	https://www.unodc.org/res/cld/document/regulation-number-7-year-1999-on-preserving-flora-and-fauna-species-english_html/Regulation_1999_EN.pdf

(续)

规范内容	法律或法规名称及来源	
禁止或管理在特定区域的木材采伐，比如公园、保护区或保护地；禁止或管理特定树种的采伐或出口；禁止或管理木材或木材产品运输、出口、进口或转口	印度尼西亚1990年第5法案，关于生物资源及其栖息地保护	http：//extwprlegs1. fao. org/docs/pdf/ins3867. pdf
	2009年第32号文件，关于环境保护和管理	http：//faolex. fao. org/docs/pdf/ins97643. pdf
	《印度尼西亚劳动法》	http：//www. expat. or. id/business/ManpowerAct-no13tahun2003. pdf
	2003年第13号文件，关于就业	https：//en. wikisource. org/wiki/Translation：Indonesian_ Labor_ Law_ No._ 13_ from_ 2003
	1970年第1号文件，关于工作安全	
	移民和就业部法规2005年第17号文件，关于基本工资（UMK））	
	环境部2006年第11号法规，关于经营活动必须开展环境影响评价	
	1999年政府法规第7号文件，关于动植物开发利用	https：//www. unodc. org/res/cld/document/regulation－8－of－1999_ html/Regulation_ 8_ of_ 1999. pdf
	政府法规1999年第27号文件，关于环境影响分析	http：//extwprlegs1. fao. org/docs/pdf/ins36671. pdf
	总统令1990年第32号文件，关于保护区	
	工业和贸易部2003年文件，关于岛间木材贸易	http：//www. flevin. com/id/lgso/translations/JICA%20Mirror/english/302. No. 68－MPP－2003. ada-E. html
获得采伐权须支付的任何形式的费用	《印度尼西亚税收征收管理法》	
	2008年第36号法律，关于收入所得税的修正	https：//www. expat. or. id/info/2008-IncomeTax SDSN-Amendment. pdf
	1983年 UU No 7/8，关于收入所得税、增值税和奢侈品销售税 UU No 7/8 Year 1983	
	1998年政府第74号法规，关于计税价值和土地、建筑税收计算	
	DirJen Pajak Regulation 2011年第36号文件，关于林业领域土地和建筑物税收的设立	
	Dirjen Pajak Notification Letter 2011年文件关于林业领域土地和建筑税收（PBB）	

第 14 章

泰国木材合法性采购指南

14.1 林业概览

14.1.1 森林资源概况

根据联合国粮食与农业组织（FAO）全球资源统计数据，泰国 2015 年森林面积为 1639.9 万 hm^2，泰国人均森林面积为 $0.25hm^2$，森林覆盖率为 32.1%，森林蓄积量为 15.1 亿 m^2，单位面积蓄积量为 $92m^3/hm^2$，碳蓄积量为 8.6 亿 t。泰国天然林面积为 673 万 hm^2，占总面积的 41%；人工林为 398.6 万 hm^2，占总面积的 24.3%；天然次生林为 568.7 万 hm^2，占总面积 34.7%。所有森林资源归国家所有，对森林资源的利用需得到有关部门的许可。

泰国曾经是森林资源丰富的国家之一。20 世纪初，森林覆盖率曾高达 75%，但至 60 年代以后逐渐下降到 53.3%，1985 年降至 30%，到 1995 年，森林覆盖率降至 22.8%。政府从 1989 年起，禁止采伐天然林；进入 90 年代后，继续加强天然林保护工作，推进了红树林采伐许可无效等政策，国内森林减少的速度因此放缓。金融危机后，泰国促进了林业的发展，森林面积和森林覆盖率也有所提高。2010—2015 年森林面积转变为年均增加 3.0 万 hm^2，森林增长率达 0.18%（表 14-1）。但是，这些增加的森林面积包括橡胶林等人工林面积，天然林面积仍在减少。

2018 年泰国以出口原木、锯材、单板、人造板、木家具等木质林产品为主（表 14-2）。根据泰国皇室林业局统计数据显示，2018 年泰国共出口原木 1.9 万 m^3、锯材 272.8 万 m^3；其中，泰国出口中国原木 $3989m^3$、锯材 260.7 万 m^3，中国是泰国的第一大原木和锯材出口市场。

表 14-1　泰国森林面积变化

面积（万 hm^2）				年变化率					
1990	2000	2010	2015	1990—2000		2000—2010		2010—2015	
				万 hm^2/年	%	万 hm^2/年	%	万 hm^2/年	%
1400.5	1701.1	1624.9	1639.9	−30.1	−2.1	−7.6	−0.45	3.0	0.18

数据来源：联合国粮食与农业组织（FAO），全球森林资源评估（2015）。

表 14-2 泰国主要出口木质林产品

产品名称	出口量	单位
原木	19658	m³
锯材	2727844	m³
单板	76597641	m³
刨花板	1654555	t
纤维板	2112071	t
胶合板	941316785	m³
木家具	12037500178	件/套
木浆	4023439	t

数据来源：泰国皇室林业局。

14.1.2 森林所有权

现行泰国《森林法》规定林地按土地权属分为 4 类：国家保留林地、封禁林地、其他公有林地（除国家保留林地和封禁林地外）及私有林地。其中，除封禁林地外，其他 3 种林地中木材都可以依照有关法律法规进行采伐。这些森林按照森林属性又分为天然林和人工林 2 种。根据泰国《人工林法》又将人工林分为登记人工林和非登记人工林。泰国从 1989 年起，禁止对天然林的采伐和出口。

14.1.3 林业主管部门

泰国林业行政管理归属于自然资源与环境部（过去受原农业与合作社部管辖）。该部下设 4 个局，其中皇室林业局负责管理保护区以外的森林；国家公园、野生动物和植物保护局负责管理保护区的森林；海洋与沿岸资源局负责管理海岸林（红树林）；事务局负责管理环境事务（图 14-1）。

《泰王国宪法》第 85 条（2550，85 条）明确规定当地居民和社区应当参与政府关于自然资源和森林经营管理的计划。相关利益方可通过多种方式如研讨会、咨询会或其他任何一种会议，将多数居民的

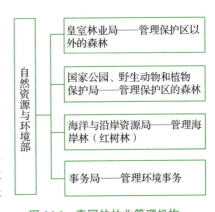

图 14-1 泰国的林业管理机构

需求向政府代理机构或政府有关部门进行反馈。相关利益方在森林经营管理决策的计划阶段、施行阶段和验收阶段均应参与。

14.2 林业法规政策

14.2.1 泰国木材贸易政策

泰国政府为加强泰国木材开发与利用，制定了一系列木材贸易政策。该政策规划

从2017年起开始实施，分4个战略，计划20年内完成。4个战略分别是《20年国家战略》《12年国家经济和社会发展计划战略（2017—2021）》《自然资源与环境部2017—2023年战略》以及《皇室林业局2017—2023年战略》。其中，《20年国家战略》包含促进环境友好型发展和增长战略。《12年国家经济和社会发展计划战略（2017—2021）》中包含环境友好型可持续发展战略，旨在鼓励和支持可持续消费和生产中的环保型产业的生产和投资，保证进口木材来源可追溯、出口木材依法获得许可证，并通过电子系统等手段确保木材贸易的合法性。《自然资源与环境部2017—2023年战略》包括"养护、保护、恢复自然资源，促进生物多样性的可持续性"战略，"预防、维护和恢复环境质量"战略，"提高温室气体减排效率，并提高应对气候变化的能力"战略，以及"发展良好自然资源管理体系"战略。《皇室林业局2017—2023年战略》则包括7个子战略，分别是：可持续管理和保护剩余的森林地区；修复退化森林；促进森林经营，并促进城市和农村社区的绿地建设；处理好林区原住民问题；支持并鼓励对促森林资源管理方面的研究；整合并促进利益相关者的参与；发展并改进管理系统。

近年来木材制造业在泰国迅速发展，有超过2000家木材加工厂和将近300家木材与木制品出口企业。泰国木制品产业以家具产业为主，近70%的木质家具出口海外，供应高端消费者。其中，橡胶木是木制家具产业中最重要的原材料。

为了保护当地自然资源，提高木材使用效率。泰国政府通过法律和行政法规，对木材的种植、采伐、运输和使用，制定了严格的规范。在生产、进口、运输、加工、出口等各个环节均设立核查点，确保所有木材及其木制品原料及供应链环节均可追溯。

泰国对人工林和社区森林的可持续经营管理共包含7个标准和35个指标。7个标准分别是：遵守法律、政策和相关措施；森林面积符合有关规定；调节森林生态系统；林产品和生态系统服务；森林生物多样性指标；水土保持指标；遵循经济、社会和当地社区风俗。该标准的制定有助于获得国际认可，兼顾了当地市场与国际市场的需求。此外，该标准还增强管理的透明度和公平性，并为各阶段提供了问责机制。同时，该标准也有效帮助了小农户、人工林管理者和当地森林社区，帮助他们按照国际标准，配备促进可持续森林管理和评估的工具。

14.2.2 采伐管理

（1）木材登记。根据泰国1992年颁布的《人工林法》第6、7节有关规定，人工林承包人必须对人工林进行登记。在提交登记申请后，自然资源与环境部门官员将进行考核，确定林木是否为自然生长。如果是，则必须提供自然生长的林木清单，并不得登记这些林木。

（2）木材采伐。根据泰国《人工林法》第6、11、12节，2018年申请登记人工林及签发登记人工林证书的部长条例等有关规定，登记人工林承包人有权采伐特定物种，但不得超过登记的林木数量。在采伐木材之前，人工林承包人向当地区政府提供将要采伐的林木清单，并开具林木采伐确认证明。

根据1941年《森林法》第6、7、11节，1964年《国家保留林法》第15、19节，2013

年有关申请和允许利用林区的部长条例第 24 节,以及 2005 年皇室林业局(RFD)有关规定在国家保留林边界内划定特定区域开展政府活动,或供特定行政机构或国家组织利用的标准、方法和条件的条例,1982 年 RFD 有关调查及在土地开垦区域伐木的条例等规定:非登记人工林中,采伐许可证持有人仅允许采伐许可证指定林木清单中特定数量的特定物种。对于在退耕还林的土地上采伐的森林经营机构(FIO),仅允许采伐指定林木清单中规定数量的特定物种(FIO 采伐通知包含允许采伐的林木清单)。

根据《人工林法》,第 9、13 节规定,在采伐木材后,人工林承包人必须持有登记证并加盖印章,或持有其他可以证明该批木材所有权的证明文件,以表示该批木材来自登记人工林。

(3)禁止木材采伐的区域。根据《人工林法》及《国家保留林法》等有关规定,以下林木不允许采伐:①登记人工林中的非登记木材;②采伐证或 FIO 采伐通知中未包含的非登记人工林木材;③封禁林。

14.2.3 运输管理

《人工林法》第 13、21 节规定,登记人工林运输木材的人员应持有运输单据、木材清单、指明木材装货地点和目的地的单据、以及负责所运输木材的人员信息的证明材料。并且,运输单据中必须指明木材受让人。

《森林法》第 38、39 节,根据 1941 年《森林法》颁布的有关运输木材或林产品的第 26 号部长条例(1985 年),第 2、5 条规定,运输木材的人员应持有运输单据、采购证明、木材清单,并指明木材装货地点和目的地以及负责所运输木材的人员。运输单据中必须指明木材受让人。

14.2.4 税收、费用与使用费

根据 1941 年《森林法》第 75 节、《森林法》第 23 号税费部长条例(1975 年)、1964 年《国家保留林法》第 5、162 节,以及 1988 年第 1221 号部长条例相关规定,在获得采伐许可证之前,经营者应支付采伐许可证费用,并获得收据。

根据《森林法》相关规定,利用木材之前,采伐许可证持有人应当支付特许权使用费和林业维护费(除非特定采伐许可证确认其可享受特许权使用费豁免),并获得收据。同时,在获得运输许可证之前,应支付运输许可证费,并获得收据。在获得交易场所许可证之前,经营者应支付许可证费,并获得收据。

根据 2017 年《海关法》的规定,在检查并释放货物之前,经营者需支付进口货物关税,并提供缴费收据。

14.2.5 木材及木制品进出口管理

泰国商务部(MOC)主管泰国的进出口贸易,其职能为外贸法规及政策的制定,分类管理进出口产品,电子商务注册服务,知识产权服务,进出口许可证、原产地证等证书管理及核验,出口许可证签发等。贸易相关法律主要包括:《海关法》《消费税法》

《商品管理法》等。此外，商务部对外贸易部门会发布商务部公告，规定有关货物的进出口最新政策要求。包括对特定区域禁止/限制进出口的规定，以及对特定货物禁止/限制进出口的规定。

（1）进口管理。泰国将采取进口措施的产品分为禁止进口产品和需要进口许可的产品。其中，柚木、橡胶木，特别是与达府和北碧府接壤地区（主要为缅甸）的原木和锯材属于禁止进口的产品；油锯等木工机械属于允许进口许可的产品。如果是进口CITES所列木材物种，则经营者必须获得农业局的进口许可证。对于在泰缅边界和泰柬边界进口的林产品，需要原产地证书或出口许可证明。

（2）出口管理。商务部将采取出口措施的产品分为禁止出口的产品、允许出口的产品、需要证书/注册/进出口注册的产品、必须申请进出口许可证的产品。其中，咖啡、木材和锯材，以及木炭是允许出口的产品。但是特定种类的木材和出口到特定国家/地区的木材需要外贸局签发的出口许可证。如果是进口后再出口的木材及木制品，则属于允许出口的产品。经营者如果出口商务部公告中规定的原木和加工木材则需要获得出口许可证；如果出口CITES所列木材物种，则必须获得农业局的出口许可证。

14.3　木材合法性管控体系

14.3.1　泰国木材合法性保障体系

欧盟在2003年提出FLEGT行动计划，旨在推动森林可持续经营。FLEGT行动计划的主要行动是在木材生产国和欧盟之间签署VPA协议，帮助木材生产国建立控制和许可程序，确保合法的木制品进入欧盟市场。

泰国与欧盟于2013年正式签订森林执法与施政自愿伙伴关系协议（FLEGT-VPA）。经过准备性技术工作，第一次正式谈判于2017年6月进行。自然资源与环境部是VPA谈判的牵头部门。该协议对木材合法性进行定义，对木材合法性保障体系建设以及供应链控制等方面进行统一规范，以促进泰国木材原料及其供应链可追溯。

FLEGT谈判的主要目的是促进泰国与欧盟的木材及木制品贸易，进一步修订并规范木材及木制品贸易的法律法规，打击非法采伐并促进合法木材及其制品贸易。预计到2022年可实现FLEGT许可证的发放。

在此框架下，泰国正在建设木材合法性保障体系（Thai-TLAS）。该体系主要通过相应的法律框架来支持，主要包括政策、法律和法规。政策由政府制定，着眼于20年国家战略；法律由自然资源与环境部、商务部、财政部联合制定并执行；行政法规主要由泰国皇室林业局、各府自然资源与环境办公室、商务部下属的外商投资部门以及海关共同制定并执行。

泰国木材合法性保障体系包含5个关键要素，分别是合法性定义、供应链控制（供应链监管）、验证操作员和木材产品的合规性、FLEGT证书和独立审计。泰国皇室林业局从2010年到2012年开始评估FLEGT背景下，现有的木材控制体系，从2014年至今开展合法性研究及供应链控制。

(1)合法性定义。合法性定义包括以下 5 方面：①有采伐权限；②森林经营符合环境要求；③税收、进出口税、特许经营和其他费用及时缴纳；④遵守专用和使用权规范；⑤遵循贸易和进出口程序。此外，对于"合法的木材"还要求种植木材的土地及其所有权合法，所有木材来源合法；如果采伐的木材是橡胶木，则对其采伐和使用提出了更加具体的要求。

(2)覆盖范围。VPA 涵盖的产品包括建立森林执法和治理许可计划的欧盟法规所要求的所有产品，一般最低产品要求包括：原木、锯材、铁路枕木、胶合板和单板。除了 VPA 产品范围的最低要求外，VPA 还将涵盖泰国通过利益相关方审议确定的其他木材产品。VPA 涵盖的产品范围可通过其附件信息查询。泰国编写了产品范围附件草案，将包含家具产品等欧盟木材法案涵盖的所有产品。

(3)组织结构。为保证 TLAS 体系的实施，泰国方面设立了泰国-欧盟森林执法和治理小组秘书处办公室，隶属于皇室林业局（RFD），并协调所有与森林执法和治理小组有关的工作。RFD 还设立了一个特设工作组（AHWG），以进一步明确合法性定义，该工作组成员涉及相关政府机构成员、私营部门成员、民间社会人员，以及行业专家。

(4)运行机制。根据欧盟和印度尼西亚签订的 VPA 协议，按照协议规定，泰国 TLAS 包含了合法性定义、供应链监管、合规性检验、许可证发放和独立监督 5 个组成部分，形成一整套运行机制。

(5)供应链控制。供应链控制主要包括以下 3 方面：①供应链控制系统须通过采用可追溯性或者跟踪方法，以确保木材产品从森林采伐或者进口环节到销售或者出口环节的整个过程是合法合规的；②将未通过验证（可能是非法的）木材产品从供应链中排除；③并且考虑包括复杂性、数据管理、过境木材控制、罚没木材处理等有关因素。同时，进行了供应链控制试点试验，在进口和出口申报环节增加相关要求，其结果改善了私人土地林木采伐的相关指标。该环节将针对不同进口产品提出不同的要求（图 14-2）。

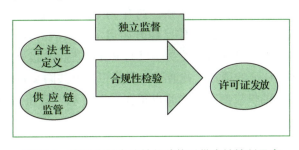

图 14-2　泰国木材合法性保障体系供应链控制示意

对于原木和锯材、预订的木结构房屋以及木制家具和木制品（包括限制木材和其他木材）的出口商，要求遵循以下步骤：①需要提供皇室林业局出具的出口证书；②需要提供商务部出具的税收和原产地证明；③需要提供进口国要求出具的其他认证文件；④通过海关查验；⑤缴纳税费（预订的木结构房屋、木制家具和木制品除外）；⑥完成出口程序。

未来，供应链控制将对种植园注册、木材种植、木材采伐、运输、工厂加工、木材销售(包括销售场地)、皇室林业局对产品颁发的证书、出口等一系列环节进行监管,形成一套有效的控制系统,确保每一个环节都是可控的、合法的。

合规性验证方面,合规性验证包括检查是否符合 VPA 合法性定义和供应链控制的所有要求,以确保木材产品是合法的。大多数供应链都进行了验证,目前正在进行实地测试。

许可证发放方面,政府机构或授权的独立机构将为合法认证的木材和木材产品颁发 FLEGT 许可证。正式实施前,泰国和欧盟将对木材合法性保证体系进行联合评估,在确认该体系符合《欧盟木材法案》的规定之前,FLEGT 许可证无法发放。

独立监督模块也是运行机制中重要的一环,由林业非政府组织、林区周边社区和个人等社会团体开展,主要评估运营商、认证/LV 是否符合 Thai-TLAS 要求,包括认可标准和指南。独立监督模块将独立于 Thai-TLAS 其他组成部分,其主要目标是通过监督认证活动的开展,以保证 Thai-TLAS 体系的可信度。独立监督模块将定期检查合法性保证系统的各个方面工作是否正常开展。审计员的职权范围在 VPA 附件中进行了详细的规定。目前,泰国和欧盟仍将继续对该体系的建设及应用情况展开讨论。

14.3.2 其他风险管控体系

14.3.2.1 FSC

在泰国,法律和法规严令禁止对天然林进行开发利用,因此主要开采人工种植林作为商业用途。其中,桉木和橡胶木是泰国主要的两种商业木材。泰国的 FSC 橡胶木材认证需求主要是由跨国公司推动的,例如宜家承诺采购 FSC 认证木材。2014 年 6 月,泰国的 CoC 认证数量仅为 49 个,到 2017 年 6 月增至 120 个。森林认证面积也从 2014 年的 25698 hm^2 增加到 2017 年的 64138 hm^2。

14.3.2.2 PEFC

目前,泰国已加入到 PEFC 认证体系,拥有 PEFC 的 COC 产业链认证,暂未获得林地认证,但林地认证的相关试点工作已经开始启动。泰国的橡胶木种植者主要以小农户为主。目前,泰国国家林业认证委员会已与 PEFC 共同发起了支持泰国的小型橡胶种植者获得 PEFC 林地认证的项目,并通过与利益相关方共同实施团体认证的方式开展认证活动。同时,相关的供应商和制造商也正在采取行动。截止到 2019 年 9 月,泰国已拥有 COC 产业链认证 15 个。

14.4 合法木材采购指南

14.4.1 木材信息收集

泰国禁止天然林的采伐与出口,目前已知的树种中有 2 个已列入 CITES 公约附录Ⅲ,分别是棕松和水青树(表 14-3)。泰国的人工林主要以橡胶树为主,主要用于家具的制造(表 14-4)。

表 14-3 主要天然林树种

中文名称	英文名称	是否列入 CITES 附录
棕松	black pine	附录Ⅲ
深红色柳桉	dark red Meranti	未列入
浅红色柳桉	light red meranti	未列入（但濒危）
印茄木	merbau	未列入（但濒危）
柚木	teak	未列入
水青树	tetracentron	附录Ⅲ
黄柳桉	yellow meranti	未列入（但濒危）

资料来源：Forest Legality Initiative。

表 14-4 主要人工林树种

中文名称	英文名称	是否列入 CITES 附录
橡胶树	rubber tree	未列入

资料来源：Forest Legality Initiative。

泰国出口木材种类相对比较简单，主要树种有橡胶木（巴西橡胶树）、桉木、花梨木、桃花心木、克隆木、松木、栎木。2018 年出口量最大的树种是橡胶木，其次是桉木和桃花心木（表 14-5）。

表 14-5 2018 年泰国出口树种

树种	原木出口量（m^3）	锯材出口量（m^3）
橡胶木（巴西橡胶树）	—	2726950
桉木	14650	—
花梨木	4433	802
克隆木	248	—
其他木材	62	65
松木	—	83
桃花心木	—	5
栎木	1	1

数据来源：泰国皇室林业局，2018。

14.4.2 禁止贸易树种核查

泰国于 1983 成为《濒危野生动植物种国际贸易公约》(CITES)的缔约方之一，目前 CITES 已有 183 个缔约方。泰国 CITES 管理办公室设在国家公约和野生动植物保护部。

泰国禁止对天然林的采伐和出口，列入 CITES 附录Ⅲ的物种共有 2 个，分别是棕松(*Podocarpus neriifolius*)和水青树(*Tetracentron sinense*)。

14.4.3 风险防控流程

泰国木材合法性风险防控图如图 14-3 所示。所采购企业的木材产品是否取得官方颁发的合法性证书、第三方颁发的森林认证证书或合法性认证证书、是否具有相关的合法性证据是评估原料来源合法性的重要因素，可以辅助评估该国木材风险的高低。

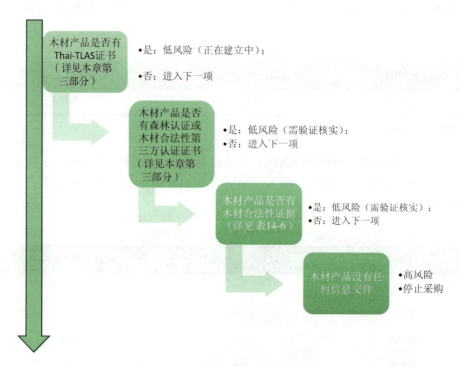

图 14-3　泰国木材合法性风险管控图

14.4.4 木材合法性要求及证据

为开展木材合法性风险评估，还应收集木材来源的合法性证据，包括森林经营许可、采伐许可、出口许可等，见表 14-6。

表 14-6 泰国木材合法性要求及证据

合法性标准		适用的法律法规	法定权力机关	合法性证据(包括各种法律文件、记录等)
1 森林经营合法性	1.1 林地权属	国家保留林地: 1964 年《国家保留林法》; 1992 年 3 月 3 日内阁决议,经 1993 年 3 月 9 日内阁决议修订	皇室林业局局长; 在退耕还林的土地上采伐的森林经营机构	(1)皇室林业局局长有关设计供行政机构或国家组织利用区域的公告; (2)国家保留林地森林或人工林经营书面许可证; (3)利用或在国家保留林地上生活的书面许可证; (4)利用及在退化国家保留林生活的书面许可证;退化国家保留林森林或人工林经营书面许可证; (5)皇室林业局与在退耕还林的土地上采伐的森林经营机构签署的谅解备忘录
		非国家保留林和封禁林: 1941 年《森林法》; 1968 年《土地开发法》; 1975 年《农业土地改革法》; 2002 年有关管理、维护、使用和提供公有土地利益的标准和程序的部长条例	皇室林业局局长; 合作促进局局长; 社会发展与福利局局长; 农业土地改革委员会; 财政局局长	(1)林区活动土地占用许可证书; (2)地产合作区土地利用许可证书或表明利用地产合作区土地的确认函; (3)农业土地改革区活动许可证书; (4)农业土地改革区活动许可证书; (5)土地租赁及其他互惠合约(仅限政府部门)
		私有土地经营者: 《土地法典》; 《民商法典》第 3 部分特定合同类型 4:租赁	土地局; 区集群组织、区政府	(1)地契; (2)占有权证书; (3)占有权确认函; (4)优先购买证书; (5)土地租赁协议或上述(1)~(4)中概述的土地类型土地利用许可证
	1.2 经营方案	2005 年皇室林业局有关规定在国家保留林边界内划定特定区域开展政府活动,或供特定行政机构或国家组织利用的标准、方法和条件的条例; 2005 年皇室林业局有关允许利用或在国家保留林地上生活的条例; 皇室林业局有关允许在国家保留林地建立人工林或种植林木的条例; 1987 年皇室林业局有关允许利用及在修复林区生活的标准和条件的条例; 2013 年有关申请和允许利用林区的部长条例	各府政府	林业调查报告

（续）

合法性标准		适用的法律法规	法定权力机关	合法性证据(包括各种法律文件、记录等)
1 森林经营合法性	1.3 合法采伐	国家保留林地： (1)登记人工林： 1992年《人工林法》； 2018年有关申请登记人工林及签发登记人工林证书的部长条例	当地区政府	人工林承包人有权采伐特定物种，但不超过登记的林木数量： (1)人工林登记证书； (2)种植和维护的林木物种清单和数量； (3)登记人工林木材采伐通知。 在采伐木材之前，人工林承包人向当地区政府提供将要采伐的林木清单；林木采伐确认证明
		(2)非登记人工林： 1964年《国家保留林法》； 1941年《森林法》； 2005年皇室林业局有关规定在国家保留林边界内划定特定区域开展政府活动，或供特定行政机构或国家组织利用的标准、方法和条件的条例； 1982年皇室林业局有关调查及在土地开垦区域伐木的条例	非限制物种、退耕还林土地采伐： 各府政府； A类限制物种：皇室林业局； B类限制物种：自然资源与环境部门	伐木许可证，包含允许采伐的林木清单 对于在退耕还林土地上伐木的： 在退耕还林的土地上采伐的森林经营机构出具的采伐通知，包含允许采伐的林木清单
		非国家保留林和封禁林： (1)登记人工林： 1992年《人工林法》； 2018年有关申请登记人工林及签发登记人工林证书的部长条例。 (2)非登记人工林： 1941年《森林法》； 2013年有关申请和允许利用林区的部长条例，第24节； 1982年皇室林业局有关调查及在土地开垦区域伐木的条例	曼谷境内：皇室林业局； 曼谷境外：各府政府	(1)人工林登记证书； (2)种植和维护的林木物种清单和数量； (3)登记人工林木材采伐通知
			曼谷境内：私人造林部门主管； 曼谷境外：当地区政府	在采伐木材之前，人工林承包人向私人造林部门主管或当地区政府提供将要采伐的林木清单；林木采伐确认证明
			A类限制物种：皇室林业局； B类限制物种：自然资源与环境部门	伐木许可证，包含允许采伐的林木清单； 在退耕还林的土地上采伐的森林经营机构出具的采伐通知，包含允许采伐的林木清单
		私有土地经营者： (1)登记人工林： 1992年《人工林法》； 2018年有关申请登记人工林及签发登记人工林证书的部长条例； 1941年《森林法》。 (2)非登记人工林： 1941年《森林法》；	曼谷境内：皇室林业局； 曼谷境外：各府政府	(1)人工林登记证书； (2)种植和维护的林木物种清单和数量； (3)登记人工林木材采伐通知
			曼谷境内：私人造林部门； 曼谷境外：当地区政府	在采伐木材之前，人工林承包人向登记人提供将要采伐的林木清单；林木采伐确认证明
			皇室林业局	伐木许可证，包含允许采伐的林木清单

(续)

合法性标准		适用的法律法规	法定权力机关	合法性证据(包括各种法律文件、记录等)
1 森林经营合法性	1.4 林业税费	国家保留林： 1941 年《森林法》； 根据 1941 年《森林法》颁布的第 23 号税费部长条例（1975 年）； 1964 年《国家保留林法》； 根据 1964 年《国家保留林法》发布的 1988 年第 1221 号部长条例； 1967 年皇室林业局有关核查、确定和收集木材、薪柴或木炭特许权使用费的条例	限制物种：皇室林业局； 非限制物种：府自然资源与环境部门	在获得采伐许可证之前，经营者已经支付的采伐许可证费收据
			皇室林业局或府自然资源与环境部门； 地方林业资源管理部门	在利用木材之前，采伐许可证持有人需获得： (1)特许权使用费收据，或确认豁免特许权使用费的采伐许可证； (2)林业维护费收据
		非国家保留林和封禁林： 1941 年《森林法》； 根据 1941 年《森林法》颁布的第 23 号税费部长条例（1975 年）； 1967 年皇室林业局有关核查、确定和收集木材、薪柴或木炭特许权使用费的条例	皇室林业局	对于限制物种，在获得采伐许可证之前，经营者已经支付的采伐许可证费收据
			皇室林业局或府自然资源与环境部门 地方林业资源管理部门	对于限制物种，在利用木材之前，需获得： (1)特许权使用费收据； (2)林业维护费收据
			府自然资源与环境部门或地方林业资源管理部门	对于非限制物种，经营者在木材抵达首个皇室林业局查核点之前支付的费用收据
		私有土地经营者： 1941 年《森林法》； 根据 1941 年《森林法》颁布的第 23 号税费部长条例（1975 年）； 1967 年皇室林业局有关核查、确定和收集木材、薪柴或木炭特许权使用费的条例	皇室林业局	对于限制物种，在获得采伐许可证之前，经营者已经支付的采伐许可证费收据 对于限制物种，在利用木材之前，采伐许可证持有人应获得： (1)林地采伐特许权使用费收据； (2)地契与占有权证书林地采伐：确认豁免特许权使用费的采伐许可证
	1.5 环境要求	1992 年《工厂法》； 2008 年工业部有关工业性作业局负责管理有害物质存储的公告； 根据《工厂法》颁布的第 2 号部长条例； 2006 年工业部有关设计工厂排出空气中杂质数量的公告； 2005 年工业部有关废物处置的公告；	管制特定有害物质的政府机构	拥有法律规定数量的某种有害物质的工厂经营许可证持有人，持有有害物质许可证，并向相关监管机构报告有害物质存储情况： (1)有害物质拥有许可证； (2)年度有害物质存储安全报告； (3)工厂检查报告
			工业性作业局	工厂检查报告： 工厂经营许可证持有人安装一个系统，用于控制工厂运营废物、污染物或任何影响环境的物质的排放

（续）

合法性标准		适用的法律法规	法定权力机关	合法性证据(包括各种法律文件、记录等)
1 森林经营合法性	1.5 环境要求	2010年工业性作业局有关设计制定排放污染种类和数量报告的工厂类型的公告； 1992年《加强和保护国家环境质量法》； 自然资源与环境部有关设计必须制定环境影响评估报告的项目或活动类型和规模的公告，制定环境影响评估报告的法规、程序和指南	政府实验室或注册私人实验室	工厂经营许可证持有人采取措施防止工厂或其附近人员或财产可能发生的声音、气味和振动污染； 工厂经营许可证持有人安装了控制或消除工业废物的系统
			许可第三方	每天生产超过50t用于生产建筑材料的纸张、纸板或纸纤维的工厂经营许可证持有人，需监测水和空气是否达标排放； 每天生产超过50t纸张的工厂经营许可证申请人，需制定环境影响评估报告； 每天生产超过50t纸张的工厂经营许可证持有人，需监测环境影响评估合规情况并撰写监测报告
	1.6 健康与安全	2005年有关涉及职业安全、健康和环境管理标准的部长条例； 2011年《职业安全、健康和环境法》； 2013年有关设计涉及化学品危害的职业安全、健康和环境管理标准的部长条例； 2009年有关设计涉及机器、起重机和锅炉的职业安全、健康和环境管理标准的部长条例； 2016年有关设计涉及热、光和声的职业安全健康和环境管理标准的部长条例； 关职工体检，以及向劳工督察提交体检记录的标准和程序的部长条例	在退耕还林的土地上采伐的森林经营机构； 在退耕还林的土地上采伐的森林经营机构职业安全健康和环境委员会； 在退耕还林的土地上采伐的森林经营机构内部审计部门	在退耕还林的土地上采伐的森林经营机构为工人遵守在退耕还林的土地上采伐的森林经营机构的健康、安全和工作场所环境工作计划提供安全手册，包括： (1)健康、安全和工作场所环境工作计划； (2)职业安全健康和环境安全手册； (3)内部审计报告
			在退耕还林的土地上采伐的森林经营机构生产部门； 在退耕还林的土地上采伐的森林经营机构内部审计部门	在退耕还林的土地上采伐的森林经营机构为工人提供适合其特定工作的标准个人防护设备，并监测工人使用此类个人防护设备，包括： (1)个人防护设备请购单； (2)内部审计报告。
			列出的第三方或劳工保护和福利局	涉及化学有害物质的雇主制定一份化学有害物质清单，建立预防和控制空气中有化学物质的系统，包括： (1)有害化学物质清单及其安全信息； (2)有害化学物质浓度监察记录
			劳工保护和福利局	雇主为其职工提供适合其特定工作的标准个人防护设备，并监测其工作期间时刻使用此类个人防护设备，撰写安全检查报告。 雇主为每年至少涉及一次任何风险因素(如医疗危害、高温、声音或灰尘)的职工提供体检，包括： (1)体检记录； (2)记录医生体检结果的个人健康状况表； (3)安全检查报告 雇主为职工开展初级消防培训和消防安全培训，包括： (1)初级消防培训记录； (2)年度消防安全培训记录； (3)安全检查报告

(续)

合法性标准		适用的法律法规	法定权力机关	合法性证据(包括各种法律文件、记录等)
1 森林经营合法性	1.7 合法雇佣	2000年《国有企业劳动关系法》； 《国有企业劳动关系公告》； 2005年有关设计职业安全、健康和环境管理标准的部长条例； 2011年《职业安全、健康与环境法》； 2013年有关设计涉及化学品危害的职业安全、健康和环境管理标准的部长条例； 2009年有关设计涉及机器、起重机和锅炉的职业安全、健康和环境管理标准的部长条例； 2016年有关设计涉及热、光和声的职业安全、健康和环境管理标准的部长条例； 1998年《劳动保护法》； 2017年有关管理移民就业的皇室法令	在退耕还林的土地上采伐的森林经营机构生产部门； 在退耕还林的土地上采伐的森林经营机构内部审计部门银行	在退耕还林的土地上采伐的森林经营机构必须遵守其与职工(遵守最低劳工标准)之间签署的协议，包括： (1)就业协议； (2)薪资支付证明。 雇用10名或以上职工的经营者每年向劳工保护和福利局提交填写的工作条件和工作场所环境表
			银行	雇用10名或以上职工的经营者编制了薪资和相关付款文件，其中显示的付款总额不低于法律规定的最低薪资标准，并提供薪资支付证明
			政府机构	经营者没有雇用15岁以下的儿童，并提供： (1)职工登记表； (2)身份文件，表示职工的年龄，如身份证、工人许可证，以及根据《林业法》获得的工人许可证
			外国人工作委员会	经营者不得雇用外国人，除非其持有授权工作的许可证，需提供： (1)职工登记表； (2)工作许可证
	1.8 第三方权利	2019年《社区森林法》	—	尊重当地社区在经济、社会和文化方面的公序良俗
2 供应链合法性	2.1 企业合法性	1941年《森林法》； 根据1941年《森林法》颁布的有关加工木材或拥有加工木材的第25号部长条例(1976年)； 根据1941年《森林法》颁布的有关出于商业目的交易或拥有木材制品或任何由限制物种制成的木材制品的第27号部长条例(1987年)； 根据1941年《森林法》颁布的有关管制使用木材加工机械的锯木厂的第11号条例(1972年)	曼谷境内：皇室林业局； 曼谷境外：各府政府	交易加工木材和/或由限制物种制成的木材制品的经营者，持有交易场所许可证并提供更新的仓库记录，包括： (1)加工木材交易：交易场所开设许可证(不包括根据《人工林法》在加工厂或加工场所同一地点交易木材和加工木材)； (2)由限制物种制成的木材制品：木材制品交易场所开设许可证； (3)保存的木材记录或木材制品记录

（续）

合法性标准		适用的法律法规	法定权力机关	合法性证据（包括各种法律文件、记录等）
2 供应链合法性	2.2 增值税和营业税	1941年《森林法》；根据1941年《森林法》颁布的第23号税费部长条例（1975年）；1964年《国家保留林法》；根据1964年《国家保留林法》发布的1988年第1221号部长条例；2017年《海关法》；1987年《海关关税法》	限制物种：皇室林业局；非限制物种：府自然资源与环境部门	在获得采伐许可证之前：采伐许可证费收据
			皇室林业局或府自然资源与环境部门；地方林业资源管理部门	在利用木材之前：（1）特许权使用费收据，或确认豁免特许权使用费的采伐许可证；（2）林业维护费收据
			泰国海关署	进口商在进口商品时需缴纳税费并保存缴税收据；在检查并释放货物之前，经营者需提供支付了进口货物关税的缴费收据
			政府自然资源与环境部门或地方林业资源管理部门	在获得运输证许可之前需缴纳运输证费用并获得缴费收据
	2.3 贸易和运输	国家保留林：1941年《森林法》；根据1941年《森林法》颁布的有关运移木材或林产品的第26号部长条例；1992年《人工林法》	当地区政府	登记人工林：从登记人工林运输木材的人员应持有运输单据，提及确认证明，列明木材清单，指明木材装货地点和目的地，以及负责所运输木材的人员，清单包括：（1）木材来自登记人工林的确认函，包含木材清单；（2）采伐木材来自登记人工林的确认函 运输单据中必须指明木材受让人
			皇室林业局；府自然资源与环境部门；各府政府	非登记人工林：运输木材的人员持有运输单据，提供采购证明，列明木材清单，指明木材装货地点和目的地，以及负责所运输木材的人员，单据包括：（1）原木：运输许可证；（2）旧建筑木材：木材运移许可证。运输单据中必须指明木材受让人
		非国家保留林和封禁林：1992年《人工林法》；1941年《森林法》；根据1941年《森林法》颁布的有关运移木材或林产品的第26号部长条例（1985年）；	曼谷境内：私人造林部门；曼谷境外：当地区政府	登记人工林：从登记人工林运输木材的人员应持有运输单据，提及确认证明，列明木材清单，指明木材装货地点和目的地，以及负责所运输木材的人员，单据包括：（1）木材来自登记人工林的确认函，包含木材清单；（2）采伐木材来自登记人工林的确认函，或主管官员认证的上述确认函副本。运输单据中必须指明木材受让人
			对于原木运输的主管部门：曼谷境内：皇室林业局；曼谷境外：府自然资源与环境部门 对于旧建筑木材运移的主管部门：曼谷境内：皇室林业局；曼谷境外：各府政府	非登记人工林：运输木材的人员持有运输单据，提供采购证明，列明木材清单，指明木材装货地点和目的地，以及负责所运输木材的人员，单据包括：（1）原木：运输许可证；（2）旧建筑木材：木材运移许可证

(续)

合法性标准		适用的法律法规	法定权力机关	合法性证据(包括各种法律文件、记录等)
2 供应链合法性	2.3 贸易和运输	私有土地经营者： 1992年《人工林法》； 1941年《森林法》； 根据1941年《森林法》颁布的有关运移木材或林产品的第26号部长条例(1985年)	曼谷境内：私人造林部门； 曼谷境外：当地区政府	登记人工林： 登记人工林运输木材的人员应持有运输单据，提及确认证明，列明木材清单，指明木材装货地点和目的地，以及负责所运输木材的人员，单据包括： (1) 木材来自登记人工林的确认函，包含木材清单； (2) 采伐木材来自登记人工林的确认函，或主管官员认证的上述确认函副本。 运输单据中必须指明木材受让人
			对于原木运输的主管部门： 曼谷境内：皇室林业局； 曼谷境外：府自然资源与环境部门 对于旧建筑木材运输的主管部门： 曼谷境内：皇室林业局； 曼谷境外：各府政府	非登记人工林： 运输木材的人员持有运输单据，提供采购证明，列明木材清单，指明木材装货地点和目的地，以及负责所运输木材的人员，单据包括： (1) 原木：运输许可证； (2) 旧建筑木材：木材运移许可证。 运输单据中必须指明木材受让人
		进口商： 1941年《森林法》	皇室林业局	运输圆木或加工木材的运输人持有运输单据，提供采购证明，指明木材装货地点和目的地，以及负责所运输木材的人员
		木材加工和生产经营者： 1992年《人工林法》； 1941年《森林法》； 根据1941年《森林法》颁布的有关管制使用木材加工机械的锯木厂的第11号条例(1972年)； 根据1941年《森林法》颁布的有关出于商业目的交易或拥有木材制品或任何由限制物种制成的木材制品的第27号部长条例(1987年)； 根据1941年《森林法》颁布的有关运移木材或林产品的第26号部长条例(1985年)	曼谷境内：皇室林业局； 曼谷境外：各府政府	从登记人工林运输木材的人员持有运输单据，提供确认证明，列明加工木材清单，指明木材装货地点和目的地，以及负责所运输木材的人员。单据包括： (1) 木材采伐确认函； (2) 木材来自登记人工林的确认函，包含木材清单。 运输单据中必须指明木材受让人
			皇室林业局或府自然资源与环境部门	对于加工橡胶和所列物种的加工厂，加工许可证持有者仅拥有并加工法律规定的橡胶和列出物种，并提供木材采购合法性证明； 对于从府或府集群边界运出的，任何由非橡胶和非所列物种制成的加工木材，运输人持有运输许可证，提供采购证明，列明加工木材和/或木材制品清单，指明加工木材和/或木材制品装货地点和目的地，以及负责所运输木材的人员。 运输单据中必须指明加工木材和/或木材制品的受让人。包括如下单据： (1) 加工木材：运移单据或运输许可证； (2) 由限制物种制成的木材制品：运移单据； (3) 由非限制物种制成的木材制品：发票

（续）

合法性标准		适用的法律法规	法定权力机关	合法性证据（包括各种法律文件、记录等）
2 供应链合法性	2.3 贸易和运输	出口商： 根据1941年《森林法》颁布的有关出于商业目的交易或拥有木材制品或任何由限制物种制成的木材制品的第27号部长条例（1987年）； 根据1941年《森林法》颁布的有关管制使用木材加工机械的锯木厂的第11号条例（1972年）	加工木材许可证持有人或交易场所许可证持有人	对于从仓库运出的加工木材和/或由限制物种制成的木材制品，运输人持有运输单据，提供采购证明，列明加工木材和/或木材制品清单，指明加工木材和/或木材制品装货地点和目的地，以及负责所运输木材的人员。单据包括：加工木材的运移单据，或加工橡胶的运移单据，或由限制物种制成的木材制品的运移单据
			皇室林业局或府自然资源与环境部门	对于从府或府集群边界运出的，任何由非橡胶和非所列物种制成的加工木材，运输人持有运输许可证，提供采购证明，列明加工木材和/或木材制品清单，指明加工木材和/或木材制品装货地点和目的地，以及负责所运输木材的人员； 运输单据中必须指明加工木材和/或木材制品的受让人。单据包括： (1)加工木材：运移单据或运输许可证； (2)由限制物种制成的木材制品：运移单据； (3)由非限制物种制成的木材制品：发票
	2.4 进口管理	2017年《海关法》； 2003年商务部有关任命泰国木材进口报关行； 1975年《植物品种法》	泰国海关署； 皇室林业局； 农业局	打算进口木材或木材制品的经营者必须申报进口货物的详细信息，向海关署提交规定文件，包括： (1)提货单； (2)发票； (3)装箱单； (4)提单概要； (5)泰缅边界和泰柬边界进口：原产地证书或出口许可证明； (6)进口报关单； (7)原木和加工木材：共同检查记录。 如果是进口CITES所列木材物种，则经营者必须获得农业局的许可，并须提供： (1)出口国政府机构开具的出口许可证； (2)泰国农业局开具的进口许可证
	2.5 加工	1992年《人工林法》； 2018年申请许可和颁发加工来自登记人工林的木材的加工场所许可证的部长条例； 1941年《森林法》； 根据1941年《森林法》颁布的有关加工木材或拥有加工木材的第25号部长条例（1976年）； 根据1941年《森林法》颁布的有关管制使用木材加工机械的锯木厂的第11号条例（1972年）； 1994年1月25日颁布的有关开设加工厂（锯木厂）使用橡胶和所列13种物种生产加工木材或木屑的内阁条例	人工林登记证书 曼谷境内：皇室林业局 曼谷境外：各府政府	人工林承包人有权在没有加工许可证的情况下，加工来自登记人工林的木材，需具备： (1) 人工林登记证书； (2) 林木采伐确认证明
			林木采伐确认证明 曼谷境内：私人造林部门主管 曼谷境外：当地区政府	人工林承包人持有许可证使用指定场所加工来自任何登记人工林的木材，并保存更新的加工场所记录，包括： (1) 加工来自登记人工林的加工场所许可证； (2) 保存的木材记录和/或木材制品记录
			曼谷境内：皇室林业局 曼谷境外：各府政府	打算开设加工厂的经营者获得皇室林业局许可，并保存更新的加工厂记录：加工厂开设许可证；保存的木材记录和/或木材制品记录。 临时加工限制物种的经营者有打算加工的特定木材，每次许可的木材加工时间不超过90天，并包括：加工厂开设许可证；保存的木材记录

（续）

合法性标准		适用的法律法规	法定权力机关	合法性证据（包括各种法律文件、记录等）
2 供应链合法性	2.6 出口管理	2017年《海关法》； 2012年商务部有关设计必须申请出口许可的木材的公告； 2006年商务部有关原木和加工木材出口标准、程序和条件的规则； 1975年《植物品种法》	外贸局； 泰国海关署	打算出口木材或木材制品的经营者必须申报出口货物的详细信息，向海关署提交规定文件，包括： (1) 发票； (2) 装箱单； (3) 商务部公告中规定的原木和加工木材：出口许可证； (4) 货物许可证； (5) 出口入境申报单，附有缴税证明
			皇室林业局； 外贸局	打算出口泰国商务部公告中规定的原木或加工木材的经营者，必须持有外贸局签发的出口许可证，包括： (1) 木材和木材制品证书(不包括橡胶)； (2) 发票； (3) 出口许可证
			农业局	如果是出口CITES所列木材物种，则经营者必须获得农业局的许可，包括： (1) 进口木材：进口许可证； (2) 国内木材：人工林登记证书； (3) 出口许可证
			皇室林业局或府自然资源与环境部门	打算出口商务部公告规定的原木或加工木材(不包括橡胶)的经营者必须由皇室林业局认证木材来源，所需单据： (1) 木材来自登记人工林：木材来自登记人工林的确认函，包含木材清单； (2) 原木或加工木材：运移单据或运输许可证； (3) 进口木材：运输许可证； (4) 由限制物种制成的木材制品：运移单据

参考文献

安东尼·史密斯，2000. 印度尼西亚在东盟的作用：领导地位结束[J]. 南洋资料译丛(3)：36-41.

国家林业和草原局，2018-09-26. 社区林业推进澜湄国家农村减贫项目调研组完成澜湄五国林业减贫情况调研[R/OL]. http：//www.forestry.gov.cn/main/586/20180925/170617709866121.html.

国家林业和草原局国合司，2020. "一带一路"林草国际合作调研报告[R].

米拉，施雪琴，2016. 印度尼西亚对中国"一带一路"倡议的认知和反应述评[J]. 南洋问题研究(4)：79-91.

商务部，2018. 对外投资合作国别(地区)指南—印度尼西亚[R].

吴志民，肖文发，丁洪美，2015-07-22. 大力推进森林治理体系建设 全面促进森林可持续经营——我们憧憬的2015后国际森林安排部长宣言解读[N/OL]. 中国绿色时报，http：//www.forestry.gov.cn/main/72/content-785342.html.

张雷，2015. 第12届中国东盟林木展在南宁开幕. 广西林业(11)：4-5.

赵洪，2016. "一带一路"与东盟经济共同体[J]. 南洋问题研究(4)：11-19.

中国东盟博览会，2018-08-15. 中国—东盟林业合作取得新进展[R/OL]. http：//www.caexpo.org/html/2018/info_0815/225356.html.

中国外交部网站，2021-08. 印度尼西亚国家概况[R/OL]. https：//www.fmprc.gov.cn/web/gjhdq_676201/gj_676203/yz_676205/1206_677244/1206x0_677246/

中国—东盟中心网站，2020-03. 中国—东盟关系[R/OL]. http：//www.asean-china-center.org/asean/dmzx/2020-03/4612.html

AMAF, 2010. ASEAN Criteria and Indicators for Legality of Timber[R].

AMAF, 2012. ASEAN Guidelines for Chain of Custody of Legal Timber and Sustainable Timber[R].

AMAF, 2009. ASEAN Guidelines on Phased Approach to Forest Certification (PACt)[R].

AMAF, 2016a. Work Plan for Forest Law Enforcement and Governance (FLEG) in ASEAN 2016—2025[R].

AMAF, 2016b. 38th AMAF Joint Press Statement[R].

ASEAN, 2015. ASEAN Economic Community Blueprint 2025[R].

ASEAN, 2016. Socio-Cultural Community Blueprint 2025[R].

ASEAN, 2016. Work plan for forest law enforcement and governance (FLEG) in ASEAN 2016-2025[OE]. https：//asean.org/wp-content/uploads/2012/05/Work-Plan-for-FLEG-in-ASEAN-2016-2025.

Australia Government, 2018. Country Specific Guideline for Indonesia[R]. https：//www.awe.gov.au/sites/default/files/sitecollectiondocuments/forestry/australiasforest-policies/illegal-logging/indonesia-country-specific-guideline.pdf.

ASEAN, 2009. Asean Guidelines On Phased Approach to Forest Certification (PACt)[R/OL]. https：//www.asean.org/wp-content/uploads/images/archive/AMAF%2031%20ASEAN%20Guidelines%20on%20Phased%20Approach%20to%20Forest%20Certification.pdf

Canada Council of Forest Ministers, 2004. Fact sheet on position on illegal logging[OE]. https://www.sfmcanada.org/images/Publications/EN/Illegal_Logging_EN.pdf.

EFI EU FLEGT Facility, 2012. New Era for Indonesia's Timber Governance[OE]. http://www.euflegt.efi.int/indonesia-news/-/asset_publisher/FWJBfN3Zu1f6/content/new-era-for-indonesia-s-timber-governance.

ETTF, 2016. INDONESIA Legality Profile[R]. http://www.timbertradeportal.com/countries/indonesia/#legality-profile.

EU, 2010. EU Timber Regulation[OE]. https://eur-lex.europa.eu/legal-content/EN/TXT/HTML/?uri=CELEX:32010R0995&from=EN

FAO, 2002. National forest products statistics: Indonesia[OE]. http://www.fao.org/3/AC778E/AC778E11.htm.

FAO, 2015. Global forest resources assessment. Rome: FAO[R].

FAO, 2016. Forest governance[OE]. http://www.fao.org/sustainable-forest-management/toolbox/modules/forest-governance/basic-knowledge/en/?type=111.

Fordaq, 2019. Indonesia: Wood products have clear export potential[OE]. https://madera.fordaq.com/news/Indonesia_forest_products_exports_62252.html.

Lee Kwon-hyung, 2013-10-14. Korea supports forest programs in Indonesia[R/OL].

Lee Kwon-hyung, 2013-07-09. Korea boosts cooperation with Indonesia in forestry[R/OL]. http://www.koreaherald.com/common_prog/newsprint.php?ud=20130709000842&dt=2

IUCN, 2007. 制止非法采伐及相关贸易活动[OE]. http://cmsdata.iucn.org/downloads/ch_1_7.pdf

Muller, E., Johnson, S, 2009. Forest governance and climate-change mitigation[OE]. ITTO and FAO. http://59.80.44.49/www.fao.org/forestry/19488-0a2b1be34bcc2f24f780036ed0c5f9d69.

Muzakki, F, 2018. Government, Media and Society: Indonesian Perspectives on China's Belt and Road Initiative[D]. Hangzhou: Zhejiang University.

IMM, 2019. FLEGT-licensing and EUTR impact on European tropical timber procurement[OE]. http://www.flegtimm.eu/index.php/newsletter/imm-surveys-interviews/110-flegt-licensing-and-eutr-impact-on-european-tropical-timber-procurement.

Raw, R, 1996. The new governance: Governing without government[J]. Political studies, 44(4): 652-667.

Workman, D, 2019. Indonesia's Top 10 Exports[OE]. http://www.worldstopexports.com/indonesias-top-10-exports/.

附 件

中国木材合法采购林业法律清单

1. 《中华人民共和国森林法》；
2. 《中华人民共和国森林法实施条例》；
3. 《中华人民共和国土地管理法》；
4. 《中华人民共和国税收征收管理法》；
5. 《中华人民共和国植物检疫收费管理办法》；
6. 《中华人民共和国自然保护区条例》；
7. 《中华人民共和国野生植物保护条例》；
8. 《中华人民共和国环境影响评价法》；
9. 《中华人民共和国水土保持法》；
10. 《中华人民共和国劳动法》；
11. 《中华人民共和国安全生产法》；
12. 《中华人民共和国劳动合同法》；
13. 《中华人民共和国劳动保护法》；
14. 《中华人民共和国工会法》；
15. 《中华人民共和国公司法》；
16. 《中华人民共和国公司登记管理条例》；
17. 《中华人民共和国海关法》；
18. 《中华人民共和国税收征收管理法》；
19. 《中华人民共和国增值税暂行条例》；
20. 《中华人民共和国增值税暂行条例实施细则》；
21. 《中华人民共和国企业所得税法》；
22. 《中华人民共和国发票管理办法》；
23. 《中华人民共和国营业税暂行条例》；
24. 《中华人民共和国海关进出口货物商品归类管理规定》；
25. 《中华人民共和国进出境动植物检疫法实施条例》；
26. 《中华人民共和国外商投资企业和外国企业所得税法》；

27.《中华人民共和国濒危野生动植物进出口管理条例》；

28.《中华人民共和国进出境动植物检疫法》；

29.《中华人民共和国野生植物保护条例》；

30.《森林防火条例》；

31.《森林采伐更新管理办法》；

32.《占用征用林地审核审批管理办法》；

33.《林木林地权属争议处理办法》；

34.《林木和林地权属登记管理办法》；

35.《植物检疫条例实施细则》；

36.《国家级公益林管理办法》；

37.《野生动植物进出口证书管理办法》。

中国木材合法性采购主要文件(证书)模板

1. 林木采伐许可证(范例)

林木采伐许可证

鄂 00248663 编号：

_____采字[20] 号

根据_____提报的伐区调查设计(申请)，经审核，批准在_____林场(乡镇)_____林班(村)_____作业区(组)_____小班(地块)采伐。

采伐四至：东_____南_____西_____北_____

GPS 定位：_____

林分起源：_____ 林种：_____ 树种：_____

权　　属：_____ 林权证号(证明)：_____

采伐类型：_____ 采伐方式：_____ 采伐强度：_____

采伐面积：_____公顷(株数：_____株)

采伐蓄积：_____立方米(出材量：_____立方米)

采伐期限：_____年_____月_____日至_____年_____月_____日

更新期限：_____年_____月_____日

更新面积：_____公顷(株数：_____株)

□占限额　　□不占限额

备注：

管理机关(章)　　发证机关(章)　　领证人：

发证人(章)

发证日期：　年　月　日

第二联　采伐凭证

注：1. 此证一式二联。第一联为存根，第二联为采伐凭证。
　　2. 超过规定采伐期限，此证无效。
　　3. 采伐凭证联套印省级以上林业主管部门采伐许可证管理专用章。
　　4. 非国有林木采伐不填写GPS定位。

2. 林权证（范本）

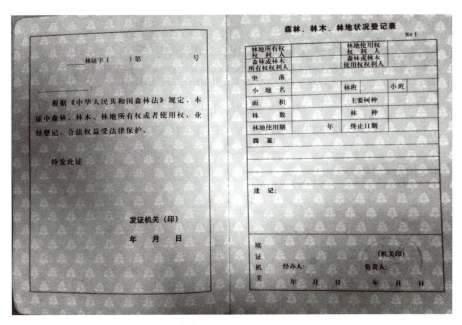

3. 森林经营方案（范例）

4. 植物检疫证书(范例)

5. 对外贸易经营者备案登记表(图示)

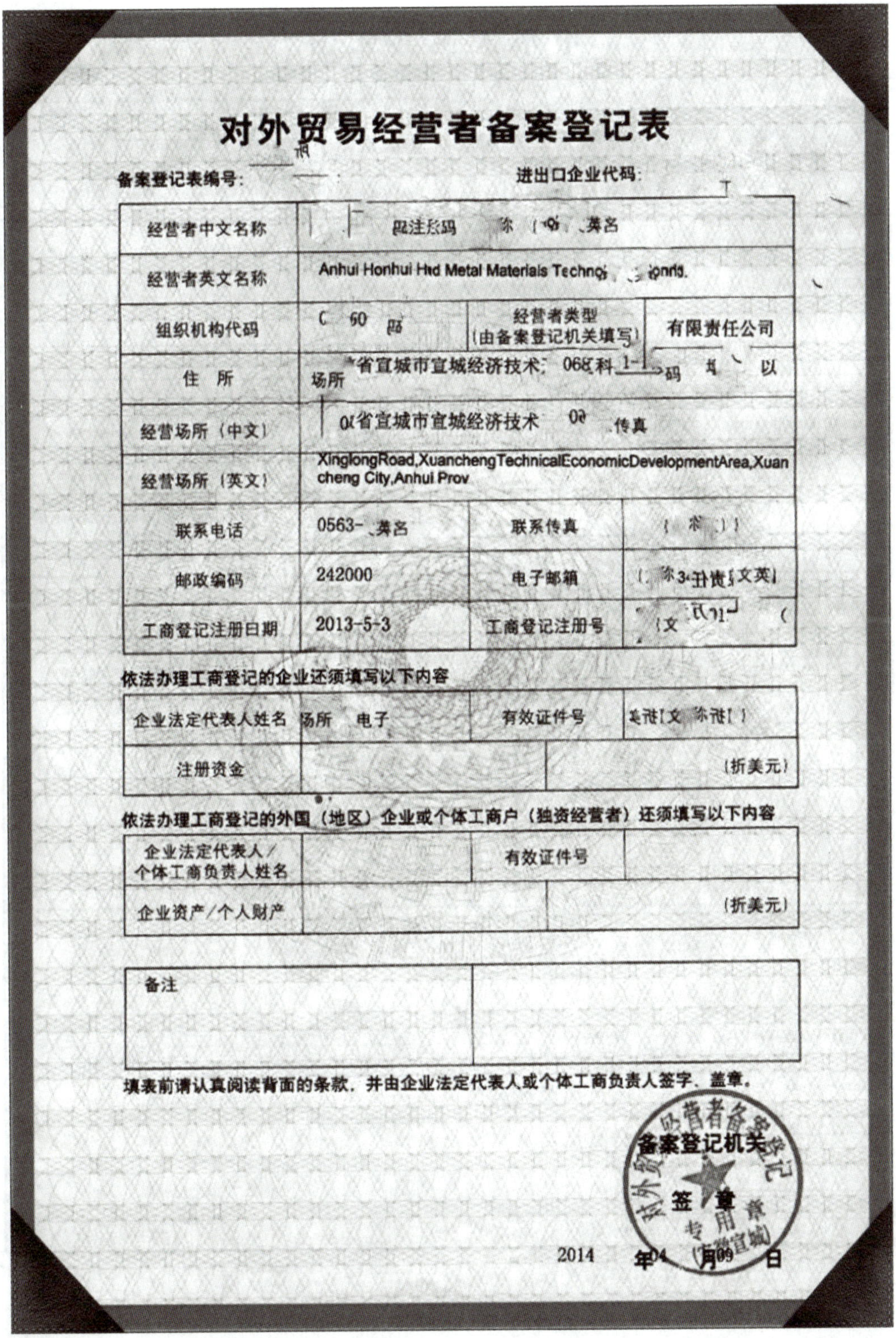

对外贸易经营者备案登记表

备案登记表编号:　　　　　　　　　　进出口企业代码:

经营者中文名称	既注系码　　称　　莫名		
经营者英文名称	Anhui Honhui Hrd Metal Materials Techno		
组织机构代码	C　60	经营者类型（由备案登记机关填写）	有限责任公司
住　所	省宣城市宣城经济技术　068科　码　以 场所		
经营场所（中文）	省宣城市宣城经济技术　09　传真		
经营场所（英文）	XinglongRoad,XuanchengTechnicalEconomicDevelopmentArea,Xuancheng City,Anhui Prov		
联系电话	0563-　莫名	联系传真	
邮政编码	242000	电子邮箱	
工商登记注册日期	2013-5-3	工商登记注册号	

依法办理工商登记的企业还须填写以下内容

企业法定代表人姓名	场所　电子	有效证件号	
注册资金			（折美元）

依法办理工商登记的外国（地区）企业或个体工商户（独资经营者）还须填写以下内容

企业法定代表人/个体工商负责人姓名		有效证件号	
企业资产/个人财产			（折美元）

备注	

填表前请认真阅读背面的条款，并由企业法定代表人或个体工商负责人签字、盖章。

备案登记机关

签　章

（对外贸易经营者备案登记专用章 宣城）

2014 年 04 月 09 日

6. 濒危物种允许进/出口证明书（示范）

印度尼西亚木材合法采购主要文件(证书)模板

1. FLEGT 证书

LICENCE FORMAT

A.	Indonesian V-legal logo	B.

ORIGINAL 1

1 Issuing authority Name Address Authority registration number:	2 Importer Name Address
3 V-Legal/FLEGT licence number	4 Date of Expiry
5 Country of export 6 ISO Code	7 Means of transport
8 Licensee Name: Address:	ETPIK Number: Tax payer number:
9 Commercial description of the timber products	10 HS-Heading

11 Common and Scientific Names	12 Countries of harvest	13 ISO Codes
14 Volume (m^3)	15 Net Weight (kg)	16 Number of units

17 Distinguishing marks

18 Signature and stamp of issuing authority

Name

Place and date

2. V-legal 证书

3. Bill of landing 提单

4. Packing list 装箱单

PT. Hasil Alam Barokah
Jl. Semarang Indah Kav.14 No.10 Semarang 50144
Telp. 024-70387877 Fax. 024-7617685

PACKING LIST

Buyer :

Number : 01/HAB/EX/0109
Date   : Jan 10, 2009
Paymer : L/C
POL   : Semarang
POD   : Singapore
Contain : TEXU-6745893/20'

No.	Description of goods	Quantity		Nett W	Gross W
		Pcs	Set	KGS	KGS
1	Table	100		2.000,00	2.150,00
2	Chair	500		6.000,00	6.250,00
3	Sofa		25	1.250,00	1.500,00
	Total	600	25	9.250,00	9.900,00

Description : - 600 Pcs = 600 Boxes
              - 25 Set in 5 Package

Total packing = 600 Boxes + 5 Packages of furniture

On board : Jan 13, 2009

Regards,

....
Export Manager

5. DKB（Daftar Kayu Bulat）

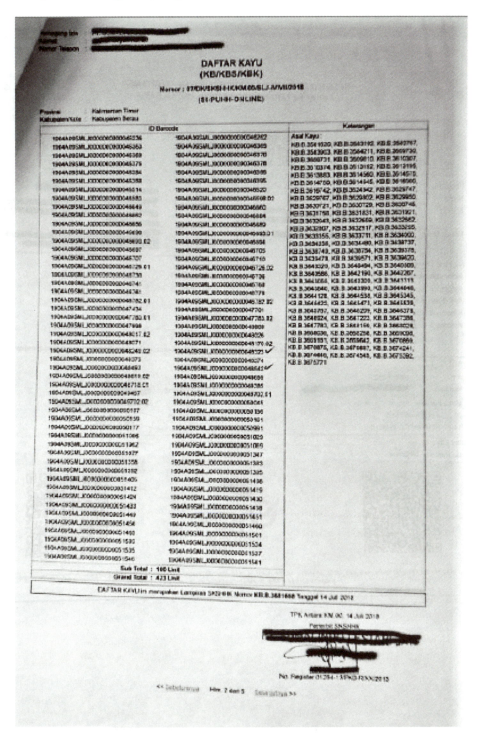

6. SKSHH（Surat Keterangan Sahnya Hasil Hutan）合法木材运输证

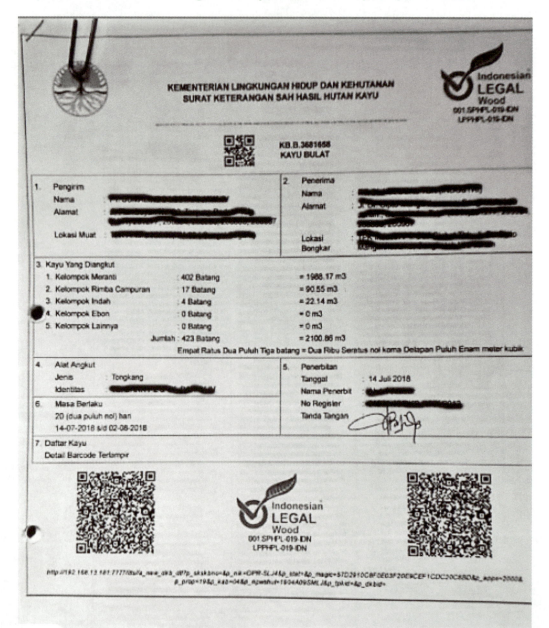

7. Grading Measurement Report（Buku Ukur）分级测量报告

BUKU UKUR KAYU BULAT

Tanggal, ... 2015

egu :
Petak Tebang No : 01
Lokasi Tpn :

Blok Tebangan Tahun : 2015
Nama Perusahaan :

No. Urut	No. Prod	Nomor Batang	Jenis Kayu	Panjang (M)	Diameter (cm) Pangkal	Diameter (cm) Ujung	Diameter (cm) Rata-rata	Volume (M3)	Keterangan
1	2	3	4	5	6	7	8	9	10
	2084	3A	MH	1170	70	60	65	372	
	2085	9672	MH	1580	69	51	60	389	6r20/14-13
	2086	A697	MH	1400	65	50	57	357	
	2087	9721	MH	1970	61	47	54	451	
	2088	315	MH	1970	78	64	71	562	
	2089	628	MH	1360	73	59	66	439	6r14/5-13
	2090	489A	MH	2160	61	47	54	495	
	2091	691	MH	1760	74	54	64	566	
	2092	2621	MH	1950	67	54	60	573	6r16/19-13
	2093	2930	MH	1530	56	44	50	300	
	2094	2152	MH	1810	86	60	73	626	6r27/17-18
	2095	1970	KPS	2070	72	63	67	730	
	2096	2180	MH	1200	83	71	92	559	
	2097	1809	MH	1090	81	81	86	609	
	2098	462	MH	1160	109	79	91	759	
	2099	1597	MH	1690	109	80	92	1071	6r14/7-8-13
	2100	3519	SPR	1710	77	65	71	677	
	2101	2253	MH	1890	52	42	47	317	
	2102	2150	MH	1850	65	53	59	506	
	2103	1898	MH	1240	52	43	47	215	
	2104	1954	MH	1690	56	45	50	312	
	2105	9632	SPR	1550	57	46	51	306	
	2107	2234	MH	1520	91	75	83	822	
	2108	1867	MH	2200	67	43	55	533	
	2109	8230	SPR	2090	75	55	65	694	
	2110	1249	MH	1160	93	73	83	628	
	2111	1376	MH	1370	69	63	66	434	
	2112	1579	MH	1570	63	49	56	387	
	2129	4731	KPS	1520	56	46	51	311	
	2306	2212	KPS	1560	62	50	56	389	

Jumlah : 30 Btg 15159 M3

Catatan:
Pengukuran diameter untuk KB Hutan Tanaman, dengas ukuran panjang 5 m
dilakukan pada ujung bontos terkecil, sehingga kolom diameter yang diisi hanya kolom nomor 6

Mengetahui,
Mandor/ Pengawas

(....................)

Penguji Kayu

泰国木材合法采购林业法律清单

1. 泰国《宪法》;
2. 泰国《国家公园法》(1961);
3. 泰国《森林法》(1941)及其修订案(2019);
4. 泰国《国家保留林法》(1964)及其修正案(1979)和(1985);
5. 泰国《野生动物保护法》(1992);
6. 泰国《人工林法》(1992);
7. 泰国《工厂法》(1992);
8. 泰国《供应链法》(2002);
9. 泰国《海关法》(2017);
10. 泰国《社区森林法》(2019);
11. 泰国《劳动保护法》;
12. 泰国《职业安全、健康和环境法》;
13. 泰国劳工部《关于农业劳动保护的条例》(2014);
14. 泰国《植物物种法》;
15. 泰国《植物新品种保护法》(1999);
16. 泰国《土地开发法》(1968);
17. 泰国《农业土地改革法》(1975)。

泰国木材合法采购主要文件(证书)模板

1. 木材证明表格

由皇家林业局签发的木材证明表格,用以证明木材产品来自种植园私人土地法律来源。

MNRE No.... (1)...　　　　　　　　　　Royal Forest Department
　　　　　　　　　　　　　　　　　　Phaholyothin Road, Bangkok 10900

This certificate is to certify that.............. (2)........................ appearing in the following description of consignment belonging to......................(3).......................
....as exporter
and to .... (4)..
....as consignee
based on sampling inspection of our competent authority.

DESCRIPTION OF CONSIGNMENT

Quantity & description: ....(5)...
....
....
Commercial name (Botanical name): ....(6)...................................
....
....
....
Invoice No. & Invoice date: .... (7)..
Source / Origin: .... (8)..
....
Date of issue: .... (9)...

(Signature)
...(10)...Director-General of the Royal Forest Department

ตัวอย่าง Draft แบบพิมพ์หนังสือรับรองถิ่นกำเนิดสินค้าภายใต้กรอบความตกลงว่าด้วยเขตการค้าเสรีอาเซียน (Form D ASW)

2. 森林使用许可

ป.๕๔-๓

ใบอนุญาตทำประโยชน์ในเขตป่า ตามมาตรา ๕๔
แห่งพระราชบัญญัติป่าไม้ พุทธศักราช ๒๔๘๔
(ป่าที่คณะรัฐมนตรีมีมติให้รักษาไว้เป็นสมบัติของชาติ)

_____

เล่มที่............   ที่ทำการ............................
ฉบับที่............   วันที่........เดือน............พ.ศ..........

อาศัยอำนาจตามความในมาตรา ๕๔ แห่งพระราชบัญญัติป่าไม้ พุทธศักราช ๒๔๘๔ อธิบดีกรมป่าไม้โดยความเห็นชอบของรัฐมนตรีว่าการกระทรวงทรัพยากรธรรมชาติและสิ่งแวดล้อม เมื่อวันที่............
อนุญาตให้............(ชื่อผู้ขออนุญาต)
เลขประจำตัวประชาชน ☐☐☐☐☐☐☐☐☐☐☐☐☐ อายุ........ปี สัญชาติ............
มีภูมิลำเนาอยู่บ้านเลขที่............ ซอย............ ถนน............ หมู่ที่............
ตำบล/แขวง............ อำเภอ/เขต............ จังหวัด............
ทำประโยชน์ในเขตป่าที่คณะรัฐมนตรีมีมติให้รักษาไว้เป็นสมบัติของชาติ ป่า............
....
ในท้องที่ตำบล/แขวง............ อำเภอ/เขต............ จังหวัด............
เนื้อที่............ไร่............งาน............ตารางวา จนถึงวันที่........เดือน............พ.ศ..........
ตามแผนที่แนบท้ายใบอนุญาต โดยมีอาณาเขตดังนี้
　　　ทิศเหนือ　　　จด............　　วัดได้............เมตร
　　　ทิศตะวันออก　จด............　　วัดได้............เมตร
　　　ทิศใต้　　　　จด............　　วัดได้............เมตร
　　　ทิศตะวันตก　　จด............　　วัดได้............เมตร

(ลงชื่อ)............ผู้อนุญาต
(............)
ตำแหน่ง............

3. 森林经营许可

ป.๕๔-๔

ใบอนุญาตทำประโยชน์ในเขตป่า ตามมาตรา ๕๔
แห่งพระราชบัญญัติป่าไม้ พุทธศักราช ๒๔๘๔

_____

เล่มที่............   ที่ทำการ..............................
ฉบับที่............   วันที่........เดือน...............พ.ศ...........

      อาศัยอำนาจตามความในมาตรา ๕๔ แห่งพระราชบัญญัติป่าไม้ พุทธศักราช ๒๔๘๔
อธิบดีกรมป่าไม้อนุญาตให้........................(ชื่อผู้ขออนุญาต)..
เลขประจำตัวประชาชน ☐☐☐☐☐☐☐☐☐☐☐☐☐ อายุ.........ปี สัญชาติ............
มีภูมิลำเนาอยู่บ้านเลขที่............... ซอย.......... ถนน.......... หมู่ที่..........
ตำบล/แขวง.................. อำเภอ/เขต.................. จังหวัด..................
ทำประโยชน์ในเขตป่า...
เพื่อ..
ในท้องที่ตำบล/แขวง............... อำเภอ/เขต............... จังหวัด...............
เนื้อที่........ไร่........งาน........ตารางวา จนถึงวันที่........เดือน........พ.ศ........
ตามแผนที่แนบท้ายใบอนุญาต โดยมีอาณาเขตดังนี้

    ทิศเหนือ........จด..............วัดได้..............เมตร
    ทิศตะวันออก....จด..............วัดได้..............เมตร
    ทิศใต้..........จด..............วัดได้..............เมตร
    ทิศตะวันตก....จด..............วัดได้..............เมตร

                (ลงชื่อ)....................ผู้อนุญาต
                     (......................)
               ตำแหน่ง....................

4. 根据《森林法》(B. E. 2484) 第 54 条申请在林区使用许可证的更新

ป.๕๔-๕

เลขรับที่_____
วันที่_____
ลงชื่อ_____ผู้รับคำขอ

คำขอต่ออายุใบอนุญาตทำประโยชน์ในเขตป่า ตามมาตรา ๕๔
แห่งพระราชบัญญัติป่าไม้ พุทธศักราช ๒๔๘๔

เขียนที่_____
วันที่_____เดือน_____พ.ศ._____

๑.ข้าพเจ้า_____
☐ (ก) เป็นบุคคลธรรมดา สัญชาติ_____อายุ_____ปี บัตรประจำตัวประชาชนเลขที่ ☐☐☐☐☐☐☐☐☐☐☐☐☐ ออกให้ ณ_____ อยู่บ้านเลขที่_____ตรอก/ซอย_____ถนน_____หมู่ที่_____ ตำบล/แขวง_____อำเภอ/เขต_____จังหวัด_____โทรศัพท์_____

☐ (ข) เป็นนิติบุคคล ประเภท_____จดทะเบียนเมื่อ_____ ณ_____เลขทะเบียนที่_____มีสำนักงานตั้งอยู่เลขที่_____ อำเภอ/เขต_____จังหวัด_____โทรศัพท์_____ โดยมีอำนาจลงชื่อแทนนิติบุคคลผู้ขออนุญาต ชื่อ นาย/นาง/นางสาว_____ ชื่อสกุล_____สัญชาติ_____อายุ_____ปี บัตรประจำตัวประชาชนเลขที่ ☐☐☐☐☐☐☐☐☐☐☐☐☐ ออกให้ ณ_____ อยู่บ้านเลขที่_____ ตรอก/ซอย_____ถนน_____หมู่ที่_____ตำบล/แขวง_____ อำเภอ/เขต_____จังหวัด_____โทรศัพท์_____

๒.มีความประสงค์ขอต่ออายุใบอนุญาตทำประโยชน์ในเขตป่า เพื่อ_____ ซึ่งตั้งอยู่ที่ตำบล/แขวง_____อำเภอ/เขต_____จังหวัด_____ ตามใบอนุญาต เล่มที่_____ฉบับที่_____ลงวันที่_____เดือน_____พ.ศ._____ ซึ่งจะสิ้นอายุวันที่_____เดือน_____พ.ศ._____ไปอีก_____ปี ต่ออธิบดีกรมป่าไม้

๓.พร้อมนี้ข้าพเจ้าได้แนบหลักฐานต่างๆมาด้วย คือ
(๑) สำเนาบัตรประจำตัวประชาชนหรือสำเนาบัตรประจำตัวตามกฎหมายกำหนด
(๒) สำเนาทะเบียนบ้าน
(๓) สำเนาใบอนุญาตทำประโยชน์ในเขตป่า
(๔) กรณีเป็นนิติบุคคลให้ยื่นเอกสารที่เกี่ยวข้องในการจดทะเบียนนิติบุคคล

(๖) กรณีมีผู้อื่น

5. 根据《森林法》(B. E. 2484)第54条申请在林区使用替代许可证申请在林区使用替代许可证

6. 根据《森林法》(B. E. 2484) 第 54 条请求转让/接受转让在林区使用的许可证

7. 根据《森林法》(B. E. 2484)第54条申请在林区中使用的许可

8. 根据《森林法》(B. E. 2484) 第 54 条获得的森林使用许可证收据

ใบรับคำขออนุญาตเข้าทำประโยชน์ในเขตป่า ตามมาตรา ๕๔
แห่งพระราชบัญญัติป่าไม้ พุทธศักราช ๒๔๘๔

เลขที่รับ..........................
วันที่รับ..........................

ชื่อผู้ขอ.. เลขประจำตัวประชาชน ☐☐☐☐☐☐☐

ใบรับคำขอนี้ ออกไว้เพื่อเป็นหลักฐานว่า กรมป่าไม้ได้รับคำขอไว้เรียบร้อยแล้ว และจะดำเนินการพิจารณาต่อไป เมื่อได้รับหลักฐานครบถ้วน โดยท่านได้ยื่นหลักฐานไว้ ดังนี้

☐ ๑. ใบคำขออนุญาต
☐ ๒. ใบคำขอต่ออายุใบอนุญาต
☐ ๓. ใบคำขอโอน/รับโอนใบอนุญาต
☐ ๔. ใบคำขอรับใบแทนใบอนุญาต
☐ ๕. สำเนาบัตรประจำตัวประชาชนหรือสำเนาบัตรประจำตัวตามกฎหมายกำหนด
☐ ๖. สำเนาทะเบียนบ้าน
☐ ๗. กรณีเป็นนิติบุคคลให้ยื่นเอกสารที่เกี่ยวข้องในการจดทะเบียนนิติบุคคล
☐ ๘. แผนที่สังเขป และแผนที่ระวาง มาตราส่วน ๑ : ๕๐,๐๐๐ แสดงจุดที่ตั้งบริเวณที่ขออนุญาต
☐ ๙. รายละเอียดโครงการที่ขออนุญาต พร้อมแบบแปลน หรือแผนผังโครงการ หรือกิจกรรมที่ขออนุญาต และอื่นๆ
☐ ๑๐. บันทึกยินยอมแก้ไขปัญหาเกี่ยวกับราษฎร
☐ ๑๑. หนังสือมอบอำนาจ (ถ้ามี) โดยติดอากรแสตมป์ให้ถูกต้องตามกฎหมาย
☐ ๑๒. หลักฐานที่แสดงผลการพิจารณาให้ความเห็นจากสภาองค์กรปกครองส่วนท้องถิ่นที่ป่านั้นตั้งอยู่
☐ ๑๓. เอกสารอื่นๆ (ถ้ามี)

_____

เจ้าหน้าที่ได้ตรวจสอบหลักฐานแล้ว ปรากฏว่า
☐ เอกสารหลักฐานครบถ้วนถูกต้อง จำนวน .... แผ่น
☐ เอกสารหลักฐานไม่ครบถ้วน ตามข้อ ....

ให้ผู้ขออนุญาตส่งเอกสารหลักฐานเพิ่มเติม ภายในวันที่ .... เวลาทำการ หากผู้ขออนุญาตไม่ส่งเอกสารหลักฐานภายในวันเวลาที่กำหนดดังกล่าว ถือว่าคำขออนุญาตเป็นอันยกเลิก ทั้งนี้ ได้แจ้งและมอบใบรับคำขอ ให้ผู้ขออนุญาตทราบ เพื่อดำเนินการในส่วนที่เกี่ยวข้องต่อไป

ลงชื่อ.. ผู้ขออนุญาต
ลงชื่อ.. เจ้าหน้าที่ผู้รับคำขอ
.... หน่วยงานผู้รับคำขอ

泰国木材合法采购其他资源

1. CITES，https：//www.cites.org/eng；
2. EU FLEGT Facility，http：//www.euflegt.efi.int/thailand；
3. 泰国 FLEGT 秘书处办公室，http：//tefso.org/en/；
4. 泰国皇家林务局，https：//www.forest.go.th/；
5. 泰国法律集合网站，http：//www.thailawforum.com/database.html；
6. FSC，https：//blogapac.fsc.org/tag/thailand/；
7. Forest Legality Initiative，https：//forestlegality.org/risk-tool/country/thailand；
8. 联合国网站，https：//www.un.org/zh/documents/treaty/index.shtml。